探索航空

——飞行原理探究与实验

符其卫 编著

航空工业出版社

北 京

内 容 提 要

本书主要介绍了大气层，飞机的结构和种类，设计模型飞机，机翼如何产生升力，飞机飞行时的动力和阻力，以及直升机的发展和飞行原理等内容，在每一章中还介绍了简单、有趣的航空模型制作和试飞方法，让读者边学、边做、边思考，以加深对航空基础知识的理解。

本书适合中小学生和对航空、飞行、航空模型制作感兴趣的读者阅读。

图书在版编目（CIP）数据

探索航空：飞行原理探究与实验 ／ 符其卫编著. —
北京 ：航空工业出版社，2019.9
（青少年航空研学科普丛书）
ISBN 978-7-5165-2007-9

Ⅰ. ①探… Ⅱ. ①符… Ⅲ. ①飞行原理—青少年读物
Ⅳ. ① V212-49

中国版本图书馆 CIP 数据核字（2019）第 185822 号

探索航空——飞行原理探究与实验
Tansuo Hangkong——Feixing Yuanli Tanjiu yu Shiyan

航空工业出版社出版发行
（北京市朝阳区北苑 2 号院　100012）
发行部电话：010-59773006　010-85672462

中国电影出版社印刷厂印刷　　　　　全国各地新华书店经售
2019 年 9 月第 1 版　　　　　　　　　2019 年 9 月第 1 次印刷
开本：787×1092　1/16　　　　印张：9.5　　　字数：197 千字
印数：1—5000　　　　　　　　　　　　定价：49.00 元

丛书序

习近平总书记指出，科技创新、科学普及是实现创新发展的两翼，要把科学普及放在与科技创新同等重要的位置。党的十九大报告中也强调，弘扬科学精神，普及科学知识。

中国航空事业的发展需要全社会的支持，普及航空知识，培育航空文化，营造良好的社会氛围，是航空人的重要责任。广大青少年是中国航空发展的未来，将青少年航空科普纳入到航空文化普及的活动中，从青少年开始加大航空人才培养力度，对于推动航空科技、航空文化的传承与创新，加强青少年国防、军事教育等均具有重要意义。

值此中国航空事业110周年之际，中航出版传媒有限责任公司出版了"青少年航空研学科普丛书"，针对小学高年级至高中阶段学生不同的年龄特点，由浅到深，动脑、动手并举，让读者从各个角度认识航空、走近航空、学习航空知识。

丛书包含《感知航空——用双手触摸航空梦想》《探索航空——飞行原理探究与实验》《体验航空——航空模型制作与放飞》《发现航空——航空文明探究与思考》四册。丛书从有趣的古今中外的航空故事、形形色色飞行器的辨识，到飞行原理探究、飞机的稳定性与操纵，从飞机在战争中的重要作用、空中力量的战略地位、航空先驱的探索精神和爱国主义情怀，到民用航空造福人类、未来航空科技发展等，为读者提供了全面了解和学习航空科普知识的素材。

　　丛书配套了大量的航空模型制作活动，由浅到深，由理论到实践，由简易到进阶，让广大读者在实践中感受科学，在制作中体会快乐，在飞行中播种"航空梦"。

　　希望"青少年航空研学科普丛书"能启发读者对航空、对科学的兴趣，助力青少年航空梦想的落地、生根、发芽和壮大。更期望同广大读者一起见证和分享航空事业的进步，同时越来越多的青少年成为中国航空事业的主力军，为建设航空强国而奋斗！

中航文化有限公司总经理

2019 年 9 月

目 录

第一章
人类与大气层

一、地球的大气层

我们人类所居住的地球，大体上是一个半径约 6400 千米的较圆的球体。地球的表面大约 30% 是陆地，另外 70% 是海洋。在陆地和海洋的上空有一层很厚的大气层。理论上讲，大气层的厚度在 1200 千米以上。从月球上看过来，我们居住的地球是一个美丽的蓝色星球。

地球表面的大气层对人类极其重要，就像为地球整体包裹了一层透明而又看似蔚蓝色的大气"被罩"。它不仅为人类的生存提供了必不可少的氧气，而且还要把太阳光照射到地面的（红外线）热量保存在大气"被罩"之下。

地球

"英仙座"流星雨

同时这层"被罩"还有一项重要作用，它要把对人类有害的绝大部分紫外线和几乎全部的宇宙射线阻挡在大气层之外，宇宙中的许许多多小流星、小陨石也都在落入地球的过程中与大气层发生剧烈摩擦而被烧熔掉。可以毫不夸张地说：人类的几乎全部活动都是在大气层的保护和"关照"之下。

从数字上看，大气层1200千米的厚度看起来似乎是相当可观的。但是经过仔细了解你就会知道，从海平面算起，至几千米、几十千米直至几百千米的高空，大气层中的大气压力、空气密度、气体组成和环境温度等各方面情况变化巨大。实际上，能够允许人们从事一般性正常生活和工作的空间是相当有限的。

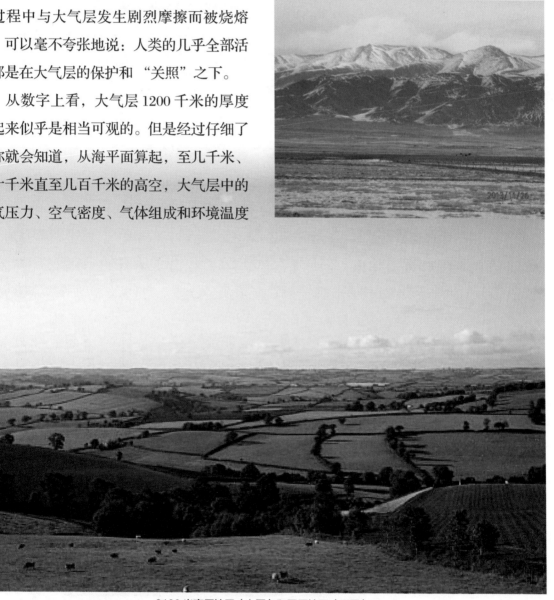

3100米高原地区（上图）和平原地区（下图）

二、大气压力实验

在四五百年前，人们对于所生活的大气空间还不太了解，仅凭感觉和想象还不能认识到大气的压力、密度、温度以及空气的组成等种种状态对于人类有何意义。

然而科学是在不断进步的，到 17 世纪中期，一些欧洲的物理学家开始在实验中逐步揭开了大气的奥秘。

1. 科学史上著名的大气压力实验

1643 年，意大利科学家托里拆利在实验室里完成了一项实验。他在一根 80 厘米长、一端封闭的细玻璃管中注满水银，然后将其倒立在盛有水银的器皿中。他观察到，玻璃管中的水银大约下降了 4 厘米后就不再下降了，这 4 厘米的空间没有空气进入，形成了真空。托里拆利据此推断：大气的压强应该就等于水银柱的压强，即一个大气压大约等于 760 毫米水银柱产生的压强。

1654 年 5 月 8 日，当时的马德堡市市长——他也是一位物理学家，又进行了一项更加轰动的科学实验。

这一天，美丽的马德堡市风和日丽，晴空万里。一大批人围在广场上观看市长先生表演"马戏"。格里克和助手当众把两个直

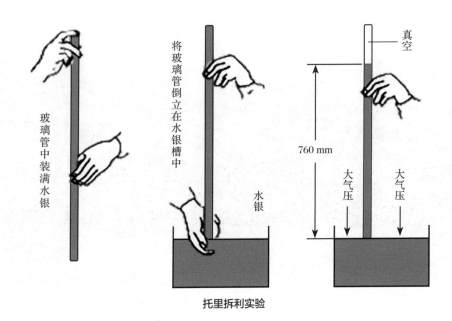

玻璃管中装满水银

将玻璃管倒立在水银槽中

水银

真空

760 mm

大气压　大气压

托里拆利实验

马德堡半球实验

径约 30 厘米、能够对接严密的黄铜半球壳中间垫上橡皮圈；再把两个半球壳合扣在一起；把空气抽出，使球内形成真空，并及时把气嘴上的阀门拧紧封闭。这时，周围的空气把两个半球紧紧地压在一起。

由马夫们在两半球的拉环上用绳索各拴套 4 匹高头大马。市长一声令下，4 个马夫扬鞭催马，8 匹大马好像在"拔河"，使劲向两边拉扯，周围的人们也在大声地欢呼助阵。而结果是，马匹无论如何也不能把两个半球拉开。

稍事休息之后，两边的人和马匹都增加了一倍，每边各 8 匹马的奋力拉拽，使得两半个铜球的分开拉力剧增。实验场地上更是人声鼎沸，欢呼呐喊声响成一片。在轰然一声巨响之后，两个铜半球终于被拉开了。

此后，市长先生双手各举半个铜球，激动地向市民们宣布："你们终于该相信了吧！大气是有压力的，而且大气压力是这样惊人！"

三百多年前的这些有关大气静压力的著名实验，都已载入了世界科学的史册，这些实验也为人类进一步研究大气层打下了基础。

又经过多年探索，航空科学的先驱们更进一步认识到：流动起来的空气（流体）压力更是变化莫测——这些研究对于此后飞行器的设计有着极为重要的作用。

流体力学实验

2. 日常生活中的大气压力体现

其实，在日常生活中，应用大气压力原理的事例我们也会经常见到。例如，平时挂物品时，有时会使用一种吸盘挂钩。当你把吸盘用力地按压在光洁平滑的壁面上时，吸盘里的空气就会被挤压出来，形成密封状态，吸盘外的空气压力就将吸盘紧紧地压在壁板上，挂钩可以承受很大的重量（本书中"重量"均为质量概念）。

医生和护士使用注射器抽取药液时，都是缓缓拔出针栓，使针管内出现负压，借用大气的压力将药液压入针管。

吸盘挂钩　　　　　注射器抽取液体

再想想，我们平时使用吸管喝饮料时是什么力量让饮料流进口中的呢？其实还是大气压力在起作用啊！

3. 工业生产中的大气压力应用

在工业生产中也有一些机械设备运用了空气负压的原理，如汽车制造厂里安装前窗玻璃的机械手就是靠负压"吸"起玻璃，很多印刷厂里的自动化印刷机也是靠一组"负压"小吸盘来向机器中送纸。

4. 动手与实验

实验一　水杯实验

我们还可以用手边的材料做一个简单的水压实验，来验证大气压力的存在。

材料准备：一盆清水（滴入少量红墨水以便观察）、一个玻璃杯，一片平整的塑料片（如 CD 盘）。

（1）将玻璃杯中倒满水，用平整的塑料片（这里使用的是一张废光盘，中孔用胶带封住）盖在玻璃杯上。

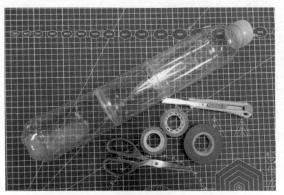
剪掉的空瓶

水杯倒扣

瓶中灌满清水

（2）翻过玻璃杯，使杯子垂直向下。观察：杯中的水是否会流出？杯子的盖片是否会掉下来？想一想这是为什么。

实验二　水瓶实验

如果你的手里没有合适的玻璃杯，那么还可以尝试将三（或四）个矿泉水空瓶分别剪去瓶底、瓶口，把几个处理好的空瓶套接在一起——接成一个总长度40～50厘米、一端封闭的塑料瓶，同时要用胶带把接口缠紧、封好，使其不漏水、不漏气。

在接长的矿泉水瓶中灌满清水，把瓶口倒插入盆里的水中，拧下瓶盖。让我们试试看，这么高的瓶中水柱是否会倾泄而出？想一想这是为什么。

水瓶插入水中

你想知道在标准大气压之下这样的水柱能有多高吗？结果可能会令你大吃一惊。这个问题在后面的内容中你会找到答案。

三、大气层相关基本概念

认识大气层，我们必须了解与它有关的几个物理概念：大气压力、空气密度、气温和声速。

1. 气压

气压是指空气在单位面积上所产生的压力，它垂直地作用在物体表面。那么气压是怎样形成的呢？

由于空气自身有一定的质量，在地球吸引力的作用下，空气中的气体分子就会吸附在接近地面（或海面）的空间。距地面（或海面）越近，气压就越高。而到了远离地球表面的高空，地球吸引力的作用会逐渐减弱，气体分子也就逐渐减少，气压也会越来越低。

另外，气压和空气中各种气体分子的运动速度有关。在太阳辐射作用下，地表温度增高。温度升高促进了低空的气体分子运动加剧，气压就会增大。到了高空气温会逐渐降低，气体分子运动能力减弱，气压也会随之降低。在物理学中，科学家们用水银柱的高度来表述大气压的高低。例如，在海平面、15°C 的标准条件下，大气压为 760 毫米水银柱高。而在距海平面 6000 米的高度上，大气压仅为 354 毫米水银柱高，还不到海平面气压的 1/2。

2. 气温

空气温度实质上体现了空气中各种气体分子在运动时平均动能的大小。当空气获得热（能）量后，气体分子会加速运动，表现为温度升高。失去热（能）量，则气体分子运动的平均动能降低，表现为温度下降。

3. 空气密度

空气密度是指单位体积中空气的质量。空气密度的大小与当时环境的气压、气温有直接关系。

例如：在海平面高度、气温 15℃ 的标准条件下，空气密度为 1.225 千克／米³。但是在 11000 米的高空，气温低至 -56℃ 时，空气密度为 0.363 千克／米³，仅达到海平面空气密度的约 30%。也就是说，在这个高度上空气会十分稀薄。

4. 声速

声速是指声音的传播速度。声音是一种波的扩散，本书中主要介绍的是声波在空气中的传播状况。

在大气中，声音的传播速度与所在环境的温度和空气密度有直接关系。

在接近地面的大气层中，气温较高，空气密度较大，则声音传播速度就会较快。随着高度的增加，气温不断降低，空气密度也越来越低，声音传播速度也就会减慢。

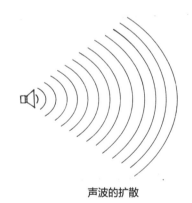

声波的扩散

经过测定：在海平面高度、气温 15℃ 的标准条件下，声音在大气中的传播速度约为 341 米／秒。而在 1 万米的高空，气温约为 -50℃ 时，空气密度也仅为海平面的 1/3，声音的传播速度会降低到大约 300 米／秒。

四、大气层的组成及划分

1. 大气的成分

大气是由不同的气体分子组成的，按体积计算，它的基本组成比例如下：大约 78.1% 是氮气；20.9% 是氧气；惰性气体之一的氩气约占 0.93%；此外，还有少量的水蒸气、二氧化碳和其他十分稀少的惰性气体——包括氦气、氖气、氪气、氙气和氡气。

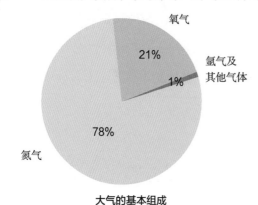

大气的基本组成

2. 大气的层次划分

按照不同高度大气的物理状态，地球上空由低空到高空，大气层大体可以分为 5 个层次，分别是对流层、平流层、中间层、热层和散逸层。

（1）对流层

对流层是大气层中最为贴近地球表面的一层，也是空气密度最高的一层——它几乎集中了大气层中 3/4 的气体和几乎全部的水蒸气。对流层的天气变化最为复杂，地球上所有的高低云层、雪雾冰雹、狂风骤雨、雷鸣电闪等现象都发生在这一层次中。其实这一切现象都是由于大气的强烈运动上下对流所致，故将这一层次称为对流层。

天气状况——云层闪电、暴风雪

由于地球的自转作用，对流层中大气的厚度并不均匀。在低纬度的赤道两侧，大气层的厚度约为 15 ～ 18 千米。在中纬度地区，大气层的厚度约为 10 ～ 15 千米。而在接近南、北两极的高纬度地区，大气层的厚度约为 8 ～ 10 千米。

同时在不同纬度地区，大气的温度、湿度都极不相同。低纬度地区的大气环境中水汽充沛、气候温暖而湿润。而在高纬度的寒带内陆地区则是干燥而寒冷，在两极地区少有降水。

地球低纬度亚热带地区气候温润

南北极地区寒冷干旱，降水稀少

在对流层中，气温变化也十分明显，从海平面算起，高度每上升 1000 米温度大约会降低 6.5℃。这样算来，在 1 万米高空的气温将会比海平面降低约 65℃。也就是说，海平面的温度如果是 15℃的话，在万米的高空气温将低至 –50℃。

由于从地球海平面垂直向上，直至对流层顶端，大气的压力和空气的密度以及空气的温度都变化很大——由于空气稀薄，在高空飞行的民航飞机客舱必须密封，同时还要随时调节舱内的气压和温度，保证机上的乘客在舱内能够和在地面的状态相同。

执行特殊战斗任务的飞行员不仅必须带有独立的供氧装备，还要穿上可以自动加压的抗荷服。

6 千米以下可穿用老式皮飞行服

高空飞行人员特殊的飞行装备

因此了解空气的压力、密度以及温度变化，对于参与高空飞行人员的生命保障和飞行器的设计有着非常重要的意义。

（2）平流层

平流层的区域是从对流层的层顶之上（大约15千米）直至50～55千米的高空。在平流层中，空气已十分稀薄，空气垂直运动极少，而空气在水平方向的流动会比较平稳，因此称为平流层。

由于几乎没有水蒸气，平流层空间也就没有云、雾、雨、雪等现象，应该说这一区域"天气一直晴好"。但是由于缺少空气对太阳光的折射，随着高度的增加，天色会逐渐变暗——成为深蓝色。

高空中机翼下的白云呈深蓝色

在平流层之内的大气层——大约从11000米至25000米，气温基本保持在−56℃左右不变，所以这一层也称为同温层。但在25千米以上至大约50千米的顶层高空，

气温将会稍有回升。

平流层中距地面20～30千米的部分，在太阳紫外线的照射下，空气中的氧分子变为臭氧分子而形成臭氧层。

臭氧层对于地球上的生物，尤其是对人类有着极其重大的意义。它吸收和阻挡了绝大部分的紫外线和宇宙中的高能粒子对地球的照射，甚至是冲击。超过一定量的紫外线和宇宙射线将会对人类产生极大伤害，因此人们需要十分重视对臭氧层的保护。

（3）中间层

从平流层向上至距地面大约85千米左右的高度称为中间层。这一层次中空气更是极为稀薄，其大气密度和大气压力随高度增加而急剧下降，同时气温也极低。

近年来，随着空间科学的迅速发展，特别是经过对高超声速飞行器的研究和试验之后，航空专家们已经认识到：对中间层的开发和利用，不管在军事战略方面还是在民用经济方面，都有着极其深远的意义。

在平流层之上飞行的高超声速飞行器

（4）大气层的最顶端

从中间层顶端100千米之上直至1000千米的高空还有电离层和散逸层。这一区域中空气极为稀少，已不是航空飞行器的活动范围。有兴趣的读者可以自行查阅相关资料。

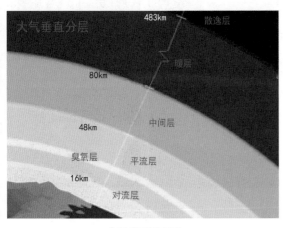

大气分层示意图

认识了大气层，我们应该可以了解到：除了极少数高原地区之外，人类一般的活动大都是在3000米以下的空间进行，一般性的航空活动也都在1万米以下的对流层之内。大型现代民航客机也大多在9000～11000米高度飞行。除特殊需要之外，高空、高速的军用飞机也大多活动在距地面25千米以下的空中范围。

与地球的6400千米半径相比，目前航空器能够活动的大气层仅为地球半径的1/200——薄薄的一层而已。

但就是在这相对薄的大气层中，为了争取在空间活动的自由，人类上演了一幕幕有时激动人心、有时又是惊心动魄的大戏！

五、折纸小飞机制作

1. 制作过程

让我们先仿照未来的超高速飞机制作一架简易折纸小飞机（本书中"小飞机"均指模型飞机）吧！

请先准备好一张普通的标准A4（80克）纸。制作时注意每一道折线都要折叠到位，按平压实，并保持对称。

（1）将两条长的边对折，显出中线。

（2）打开以后，把两个角折叠到中线的位置。

（3）然后把左右两角再次向下折叠到中线。

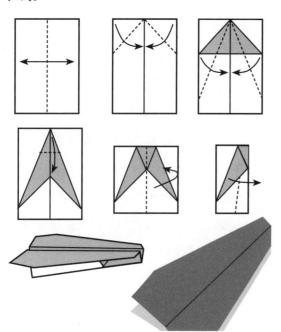

（4）将尖角折回5厘米（主要是为了不使机头太尖而扎伤人）。

（5）将中线两侧纸张对折。

（6）再将其反向对折形成两翼。

至此，一架大后掠翼的简易纸飞机制作完成。

2. 直线飞行调试过程

（1）整体检查：检查左右翼面是否对称、平整，检查机身整体是否有歪扭现象，发现问题要及时纠正。

（2）手投试飞：要水平投出手，才能正确判断飞行轨迹。

（3）先观察是否有滚转，机翼平整就不会出现滚转现象。如果出现左滚转，就把左机翼后缘稍稍下弯。如果是右滚转则调整右翼后缘下弯。直到不再出现滚转现象。

调整方向舵

我们将在后面学习到：这种纸飞机属于非常规布局的飞机，调整轨迹要有一些耐心。

3. 游戏（竞赛）规则

这种大后掠角、飞行直线性较好的小飞机一般可以进行以下游戏或比赛。

（1）"竞距飞行"：看看谁的小飞机飞得远。

（2）"定点降落"：比赛飞行的准确性。例如，在地面画一个圆形的地标，比赛谁的小飞机能够距圆心最近。

（3）"航母"着舰：在地面画（设置）一个"航母"的小"甲板"，看看谁的小飞机能够降落在"甲板"上。

（4）穿越"天险"：设立一个圆心靶标，在一定的距离和一定的时间内看哪个小飞

调整后缘

（4）在基本平飞的状态下，用后缘适当调整水平飞行轨迹，尽量调至最平的下滑姿态。注意，这种小飞机两翼可能需要同时微调——上调上飞，下调下飞。

（5）纸飞机翼下的三角形体相当于方向舵。在稳定方向的同时，可以微调控制左右转弯——向左弯左转，向右弯右转。

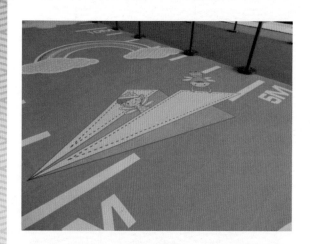

机穿越"天险"的次数最多。

好了，希望你们能够创造出更多的游戏（竞赛）方法。当然，更希望你们能够设计、制作出更好的纸飞机！

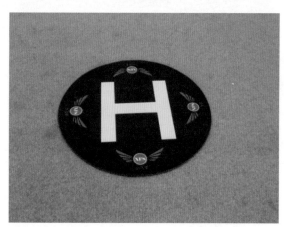

总结与思考

1. 请回忆：大气层有几个层次，一般的航空器在哪一层次活动？为什么？

2. 请思考：为什么大气层对保护人类有重要意义？

第二章
飞机的结构

飞机的种类样式很多，我们经常见到的是一种机翼在前、尾翼在后，也就是常规布局的飞机。在介绍飞机结构和功能时，我们先以这一类型飞机为例进行介绍。

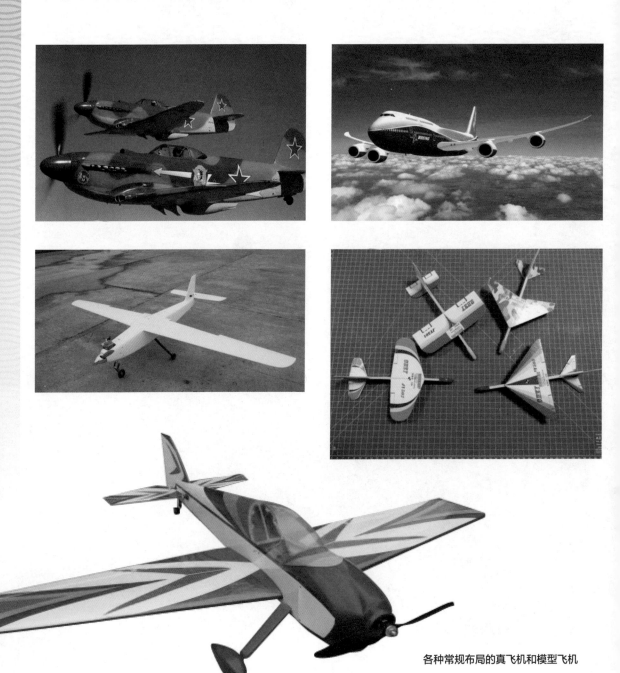

各种常规布局的真飞机和模型飞机

一、飞机的基本结构

我们先以一架国产的轻型教练机为例，来认识和了解飞机各个部分的名称和它们的作用。

座舱

正常形式布局的飞机——国产"山鹰"教练机

从外观来看这架飞机有以下几部分：机身、机翼、尾翼（包括水平尾翼和垂直尾翼）、发动机和起落架。

机身下的起落架和航炮

1. 机身

我们可以看到，一般机身都会设计成外形简洁、曲线顺滑的流线型，这样的机身可以减小飞行的阻力。

在这架飞机的机身里面会装有很多重要的设备器材，例如：机头前部的整流罩里有雷达，座舱里面有显示各种飞行信息的仪器仪表、全套操纵系统、飞行员的座椅以及救生装备、飞机的油箱、发动机，还有必要的武器装备，许多大飞机的起落架也都安装在机身下面。

2. 机翼

飞机机翼的主要作用是产生升力，这样才能使飞机离开地面飞上天空。在大飞机的机翼上一般都会装有副翼和襟翼。

副翼的作用：主要是调整两侧机翼的升力。襟翼的作用：在起飞和降落的低速状态下放下襟翼，可以增加机翼整体的升力。

需要注意的是，副翼的操作是两侧差动的。也就是说，当一侧机翼的副翼向下弯曲时，另一侧的副翼就会向上翘起。副翼下弯时会使机翼升力增大，副翼上翘时机翼升力会减小。而两侧襟翼则只能向下弯曲，使左右机翼的升力同时增大。

但是，在很多现代化的飞机上，部分机翼的前缘也设计成能够活动下弯的襟翼，前缘襟翼的设置进一步增加了机翼的升力。

在电脑的总体控制下，副翼也可以在需要时起到襟翼的作用。

平尾、垂尾特写

高空平飞时的机翼下弯　临近着陆时的副翼和襟翼
增加升力

3. 尾翼

尾翼分为水平尾翼（简称平尾）和垂直尾翼（简称垂尾）。从整体上看，水平尾翼负责飞机飞行时俯仰状态的稳定，而垂直尾翼负责飞行方向的稳定。

在大多数飞机上，水平尾翼和垂直尾翼都有固定不动的翼面和可以活动的舵面。我们把固定的翼面称为安定面，如水平安定面和垂直安定面，而可以活动的部分称为舵面，如水平舵面（又称升降舵面）和垂直舵面（又称方向舵面）。

在一部分高速战斗机上，为了提高飞行控制的效率，水平尾翼或垂直尾翼分别将安定面和舵面合为一体，设计成可以整体活动的形式，这就是"全动式"水平尾翼与垂直尾翼。

全动平尾

模型飞机的总体结构与真飞机非常相似，以一架遥控模型飞机为例：它也有机身、机翼（包括副翼甚至襟翼），也有水平尾翼和垂直尾翼。它们所起的作用也与真正的大飞机基本相同。只是我们的小模型飞机结构更为简单，制作更加容易。

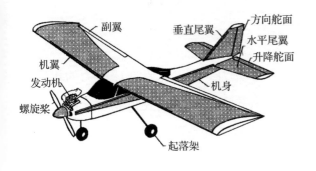

遥控模型飞机的总体结构

4. 发动机

发动机的作用是为飞机的升空和飞行提供动力。发动机的种类很多，包括活塞螺旋桨发动机和各种涡轮喷气发动机，本节所提到的"山鹰"教练机上使用的是一种国产涡轮喷气发动机。

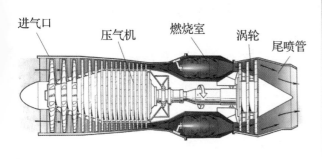

涡轮喷气发动机示意图

5. 起落架

起落架是保障飞机能够正常滑跑起飞和降落的必要装备。一般在陆地起飞、降落的飞机的起落架分为前三点式和后三点式两种。

歼教8教练机安装的是前三点式起落架，即机头下方有一个前轮，机翼下方有两个主（承力）轮。前三点式起落架的飞机，飞行员视野开阔，便于控制方向，现代化的飞机大多采用这种设计。

在很多老式飞机或轻型飞机上会装有

前三点式飞机

后三点式飞机

后三点式起落架，即两个主轮在前，一个小尾轮在后。后三点式采用起落架的飞机虽然减小了前轮的重量，但是起飞和降落时飞行员的视野不够好，而且操作过程比较复杂，现在大多数飞机已经不再采用这种设计。

为了减小飞行时的阻力，现代化的飞机在起飞后会将起落架收藏在机身或机翼中。

收起落架

二、飞机在飞行中的受力分析

飞机为什么能平稳地在天空中飞行呢？一架飞机在空中进行匀速直线平飞时会受到这几个力的作用。

1. 重力：物体由于地球的吸引而受到的力叫重力。与其他物体一样，飞机也会受到重力的作用。

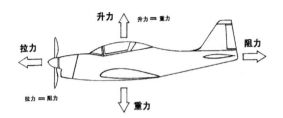

升力　升力 = 重力　拉力　阻力　拉力 = 阻力　重力

匀速直线平飞的飞机受力分析

2. 升力：为了克服地球引力的影响而升上天空，飞机必须要得到一个向上提升的力才能离开地面，而这个升力要靠机翼来产生。

但是，只有当飞机在向前运动时，机翼才会产生升力，飞机在静止时，机翼将不会产生升力。因为只有当飞机在向前运动时，机翼上下表面受到流动空气的影响，才能出现压力差——上表面压力小，下表面压力大——这就是升力。

3. 拉力（或推力）：飞机只有在受到向前的拉力或推力时，才能向前运动。

4. 阻力：在飞机向前运动的同时，还会受到空气对飞机的阻挡作用，这就是阻力。

三、飞机的运动及舵面的作用

飞机的飞行是一个在三维立体空间的复杂运动。除了水平匀速直线飞行状态之外，它还要有上升、下降、左右转弯以及左右滚转等许多基本的飞行动作。

而这些飞行动作基本上是由 5 个舵面控制来完成，它们分别是两个水平舵面、一个方向舵面和左右机翼的两个副翼。

1. 飞机的三轴运动

从下面的图中可以看出：飞机的动作基本上是围绕三条虚拟的轴线而进行的，它们分别是：

（1）穿过两侧机翼的横轴：围绕横轴飞机将会做出抬头和低头的俯仰动作。这个动作由水平舵面控制完成。 给上舵时，水平舵面受到气流冲击而被下压，飞机就会抬头向上飞。相反，给下舵时平尾在气流的作用下升力增大，飞机就会低头向下飞。

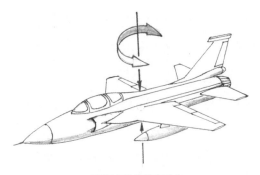

围绕立轴的转向动作

围绕横轴的俯仰动作

（2）垂直于飞机平面的的立轴：飞机的左、右转向由方向舵来控制完成。也就是说：给左舵时飞机就向左飞，给右舵时机头就会转向右飞。这个转向的动作是围绕穿过重心的一个立轴来完成的。

（3）从机头至机尾的纵轴：飞机围绕纵轴完成左、右滚转的动作。这个动作是由左、右副翼同时差动（一侧上翘，同时另一侧会下弯）造成的。同样在气流的冲击下，副翼下弯一侧的机翼升力会加大，同时副翼上翘的另一侧机翼升力会减小。由于两翼升力的不同而形成飞机的滚转。

围绕纵轴的滚转动作

2. 归纳与总结

归纳以上说明，我们用 44 个字来总结：

水平舵面管升降，上舵上飞，下舵下飞；
垂直舵面管方向，左舵左飞，右舵右飞；
副翼负责调升力，翼面下弯升力大。

这 44 个字看起来十分简单、好记。但在真正的飞行中，飞机的飞行姿态调整却是比较复杂的。一个看似简单的动作或姿态的变化，将可能反映了几个舵面各自的作用。要想达到希望实现的飞行状态，可能需要由几个舵面相互配合、调整才能完成。

也就是说，在我们调整模型飞机时需要分析它的飞行姿态，根据具体情况分别调整各个舵面。

四、简易模型飞机制作

这是一个比较简单的常规布局形式的小模型飞机制作。它们的机翼分别设计成平直的矩形翼、椭圆翼尖的梯形平直翼、梯形后掠翼和切去翼尖的三角翼。

通过这套小模型的制作，大家不仅可以初步掌握小飞机的制作方法，同时通过试飞和调整还能够进一步熟悉各个舵面的作用。

1. 制作准备

"彩虹"小飞机一套（其中4份套件）、安全手工剪刀、泡沫塑料快干胶一支、小透明胶带一个。

2. 制作过程

（1）打开套件盒，清点其中的零件。

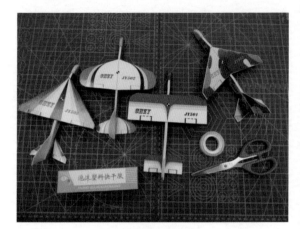

"彩虹" 4件套

取出其中的一套（以501为例）准备制作。

（2）剪下机翼、尾翼（平尾和垂尾），并准备好相应的机身、胶头。

套材拆开剪下机翼、尾翼

（3）机身前部适当加固。为了增加机头的强度，可以在前机身下部粘一片长80～100毫米、宽5毫米、厚1毫米的小木（竹）条。并加上胶头，胶头可作为配重并起到安全防护作用。

机身下加粘木条、加胶头

（4）小飞机的组装

① 在机身尾端下面粘好水平尾翼，在机身尾端的上部中间开一条稍宽的缝，将垂直尾翼插在缝中粘好。如果简单一些，也可以粘在机身尾部的侧面。

粘接平尾和垂尾

垂尾插中缝或粘在侧面

注意：整个小飞机的粘接最好都使用泡沫塑料快干胶。

② 检查水平尾翼与机身和垂直尾翼是否相互垂直。

③ 粘好尾翼、装好胶头之后，可以先测出重心位置并做出标记。如果没有胶头，可以在机头处缠绕大约1克重的电工胶带。

④ 粘接机翼。尽量将机翼上标出的重心点与你实际测出的机身重心位置上下对齐粘好。

⑤ 机头配重。以曲别针或小金属垫片插进胶头来调节机头配重。

粘接机翼　　　　　　机头配重

至此小飞机的制作完成，准备进入下一步的调整试飞。

五、小飞机的调整试飞

1. 试飞前的检查

（1）检查各部分是否粘接正确：机翼、平尾是否平行，同时它们还要分别与机身和垂尾垂直。

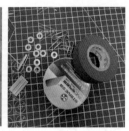

试飞前的检查　　　　　配重备用

（2）检查各部分是否粘接牢固。

（3）检查重心位置是否大致在预定的位置上。

2. 手投小飞机的姿势

手投小飞机的姿势十分重要，出手角度过高或过低都不能测试出小飞机的真实滑翔状态。

测试时，投掷小飞机的正确姿势应该是

手投小飞机的正确姿势

这样：手持小飞机举过头顶，稍用力把小飞机以水平姿态向前方推送出去。

3. 试飞是个需要动脑筋的过程

试飞调整小飞机是个需要动脑筋的过程，这是在锻炼观察问题以及分析、解决问题的能力。

如果想让小飞机飞得好，就必须要在正确投出这架小飞机之后，首先要认真观察它的整个飞行姿态——机体是否出现了滚转？机头是否会上扬或下冲？小飞机是否有左、右转向的情况？甚至可能会几种情况同时出现。在认真观察飞行状态的同时，还要不断分析思考产生的原因，并且要尝试利用我们所学习过的调整小飞机的知识——"44字口诀"来解决试飞中出现的问题。

4. 试飞要先找主要问题

虽然小飞机的飞行状态可能有些复杂，但是我们要先从主要矛盾入手，一项一项地解决问题。

（1）首先要观察小飞机是否有滚转现象，想想产生的原因：机翼是否平整？两翼升力是否一致？思考如何解决。

（2）其后，再观察机头是否有上扬或俯冲的现象。请想一想：是靠加、减机头配

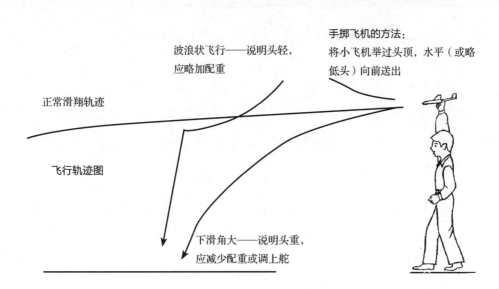

波浪状飞行——说明头轻，应略加配重

手掷飞机的方法：
将小飞机举过头顶，水平（或略低头）向前送出

正常滑翔轨迹

飞行轨迹图

下滑角大——说明头重，应减少配重或调上舵

重的方法，还是靠调整升降舵面的方法解决？调整重心位置还有其他方法吗？

（3）飞行中的小飞机是否还有偏航的现象？我们又该如何解决？

总而言之，调整好小飞机是一个实践和理论紧密结合的过程。经过大家的反复试飞实践，认真地观察、分析、判断，进而解决问题，我们的小飞机一定会不断进步，飞得越来越好！

总结与思考

1. 一架模型飞机主要由哪几部分构成？

2. 飞机上的 5 个舵面分别控制飞机的哪几个动作？

第三章
形形色色的飞机

在我们继续研究飞机之前，还需要先弄清楚几个问题。

一、航天器和航空器

飞行器可以分为航天器和航空器两大部分。

（一）航天器

航天器是指在地球外层空间（太空）活动的飞行器。如各种类型的人造地球卫星、空间探测器、载人宇宙飞船及宇宙空间站。

卫星和空间站

航天器在几乎没有空气的太空中活动，主要依靠各种类型的运载火箭将其发射至空中，它们使用的液体火箭发动机工作需要自带液体燃料（如液氢、煤油）与氧（如液氧、硝酸等）燃烧来产生巨大的推动力。

目前，许多新型号的使用固体燃料的巨型火箭发动机也已经投入使用。前不久我国曾使用这种巨型火箭在海上进行了"一箭七星"的发射。

当航天器进入预定的轨道后，完全依靠惯性的作用以一定的速度在太空中运动。由于太空几乎是绝对的真空状态，它的航行不会遇到空气动力的作用——既没有升力，也没有阻力。

火箭发射

航天飞机

（二）航空器

航空器是指在地球大气层空中活动的飞行器，如各种各样的飞艇、飞机、直升机、无人机等。在这一层次中飞行的"航空器"不能脱离大气的气动作用力（包括浮力）。除了自由飞行的气球和滑翔机之外，这些飞行器之所以能够飞行，大部分都是依靠它们本身自带的发动机，利用携带的燃料与大气中的氧气燃烧产生的能量做功，来（推）拉动飞行器升空前进。

部分小型战术火箭和导弹也可以在大气层中飞行。一些中远程导弹和特殊需要的飞行器（如航天飞机）既可以在一定高度的太空飞行，也可以在大气层中飞行。

带翼的制导炸弹

各种航空器——飞艇、飞机、直升机等

在本书中，主要讨论的将是"航空器"中有关飞机的一些基础知识。

二、什么是飞机?

那么，什么是飞机呢？航空界对于"飞机"有着明确的定义：重于空气、有动力装置可以产生拉力或推力，可以自主升空、由固定的机翼产生升力而可以在大气层中飞行、可以操控的飞行器才能称为"飞机"。

各种各样的飞机

因此严格来说，所有的旋翼飞行器（包括各种单旋翼、多旋翼直升机、旋翼机），扑翼机，无动力的滑翔机，模型飞机，以及多数时间在大气层外飞行的"航天飞机"等都不能称为"飞机"，而只能称为不同类型的"飞行器"。

上图中的飞行器，都不能称为"飞机"

三、飞机的分类

飞机的分类方法很多，具体有以下几种分类方式。

（一）按照用途可以分为军用飞机和民用飞机两大类。

军用飞机包括许多不同用途的飞机，如战斗机、轰炸机、强击机、空中预警机、空中加油机、侦察机等。

民用飞机的种类也很多，如果按照用途分类，可以分为民航客机、民用货机、农用飞机、运动型飞机、通用型飞机等。

军用飞机

民用飞机

（二）按照机翼的平面形状分，有平直翼、后掠翼、前掠翼、梯形翼、三角翼和组合型机翼等多种形式机翼的飞机。

不同平面形状机翼的飞机

（三）按照动力装置的种类来分，可以分为螺旋桨式飞机和喷气式飞机。

螺旋桨式飞机和喷气式飞机

（四）按照机翼、尾翼的相对位置（布局）和数量来分，可以分为常规布局（正常形式）、鸭式、无尾（飞翼）式、三翼面式等多种不同布局形式的飞机。

常规布局　　　　　　　　　　　　　　无尾布局

三翼面　　　　　　　　　　　　　　　鸭式布局

此外，还有以起飞着陆方式来分的陆上飞机和水上飞机，以起落架位置来分的前三点、后三点和自行车式起落架的飞机，还有以机翼与机身的相对位置来分的上单翼、下单翼和中单翼式飞机等。

本章中，我们重点介绍的是各种不同形式布局的飞机。

四、不同形式布局的飞机

不同形式布局的飞机是指，以机翼和尾翼（或小翼）以及垂直尾翼的相对位置来区分的不同飞机类型。它们有各自的优缺点，航空科学家和设计师运用这些特点设计出了各种不同用途、性能优异的飞机。

目前世界上大体有以下几种布局的飞机设计。

（一）常规形式布局又称作正常形式布局的飞机，是指我们经常见到的那种机翼在前、尾翼在后的飞机。

由于这种形式的飞机操纵性和稳定性都比较好，所以世界各国的设计师们对于设计和制造这种飞机更为熟悉。在世界航空史上，常规布局的飞机占到了飞机总设计品种的 80% 以上。

由于设计成熟，我们大多数也采用常规布局的形式设计和制作模型飞机。

常规形式布局的模型飞机

常规布局飞机的不足在于：当飞机抬头上升需要最大升力时，飞机的尾翼却只能产生负升力，因此使得飞机的总升力受到了一定的损失。下图可以看出水平尾翼是负迎角。

常规形式布局飞机尾翼的负升力

（二）鸭式布局的飞机

鸭式布局飞机是指小翼（又称鸭翼）在前、产生主要升力的大机翼在后的飞机。

常规形式布局的飞机

它的前翼（或称鸭翼）在飞行中通过俯仰角度的控制，可以操纵飞机的上升和下降。这样不但克服了常规布局飞机水平尾翼的副作用，而且鸭翼所产生的涡流能对机翼的升力起到有益的干扰作用，大大提升了飞机的总体升力。

由于这一类型飞机的机动性好，而且具有不易产生由于失速（即速度过低）而造成的飞机失控等特点，目前许多性能优异的战斗机都采用了这种设计。

歼 10　　　　　　"台风"

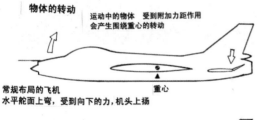

常规布局的飞机与鸭式布局飞机的升力作用示意图

但是这种布局的设计难度较大，对于飞行控制系统有很高的要求。而且，前翼对于作战飞机的隐身性能也有一定影响。

（三）无尾式气动布局

"无尾"一般是指机身尾部没有水平尾翼，而仅有产生升力的主翼，因此又称为"飞翼"式布局。这种布局的飞机优点在于：机身与机翼可以融为一体，因此整体结构强度高，升力面积大，飞行阻力小。而且一些飞翼式的作战飞机为了在雷达面前隐身，甚至取消了垂直尾翼的设计。

飞翼布局的 B-2

这种布局的飞机的缺点在于：由于没有平尾，飞行时它的俯仰稳定性不如其他布局的飞机。无尾三角翼飞机的低速性能不够好，在起飞和降落时需要较大的迎角才能获得足够的升力。

但是在现代化的电传操纵系统控制下，这一问题已经得到了较好的解决。

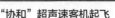

"协和"超声速客机起飞　　　　加拿大 Cf-105

（四）三翼面布局

为了提高飞机的总体操控性能，设计师们在常规布局飞机设计的基础上增加了前翼，而形成了三个翼面。这一改进既吸收了常规布局形式飞机的优点，又具备了鸭式飞机前翼作用的特点——增加了升力，提高了飞机的操纵性和机动性。

歼 15 舰载机

但是由于增加了前翼以及相应的操控系统，整架飞机的重量有所增加，因此目前只有少数机型采用了这种设计。

（五）串翼—联翼机

多年前曾经有些飞机公司设计了一种具有前翼和后翼的小飞机。它的前、后翼面积几乎相同，因此被人们称为串翼飞机。这种飞机由于增大了升力面积，翼载荷不大、飞行比较灵活。

串翼飞机

此后又有设计师想到：如果把两翼连接到一起——既能够增加机翼的整体强度，又能够增加总升力面积，前翼后掠 + 后翼前掠可以使机翼获得很好的高速气动性能，正好适用于高亚声速的飞行。升力面积加大后将能够承载更大的重量。于是很多设计师又按照这种布局的思路在考虑新型飞机的设计。

由于设计新型的大飞机是极为复杂的过程，目前仅有少数的模型爱好者和无人机的设计师们在进行联翼机的设计。相信在不久的将来，一定会有真正的大型联翼运输机或民航机飞上蓝天。

大型联翼无人机

综上所述，我们可以看出：在设计大飞机时，设计师们要根据实际需要，综合考虑以上各种飞机气动布局的特点进行优化选择、取长补短，还要不断发展创新，才能设计出性能优异的新飞机。

小小设计师们，在学习了以上知识后，是否已经对自己要设计的小飞机有了一些新的设想呢？

五、制作一架常规布局的模型飞机

1. 套材模型飞机

——手掷弹射两用套材（"彩虹"号）

这是一架比较简单的模型飞机制作套材，它的制作步骤如下。

（1）清点套材零件。

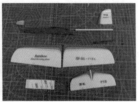

（2）组装前机身和尾翼翼台，插接无误后用胶粘牢。

（3）依靠桌边弯出机翼翼型。

（4）机翼和尾翼翼台粘好双面贴，粘贴机翼、尾翼。注意尾翼部分要横平竖直。

（5）加装胶头和配重，用曲别针或小垫片加重机头。

小飞机制作完成，投掷时注意手投姿势。

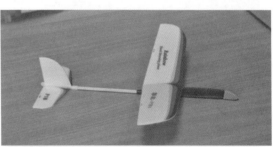

小飞机制作完成后准备试飞，试飞步骤与本书第二章相同：首先检查各个部分是否粘牢、粘正，检查重心是否在图上预定位置。

手投试飞时先要注意，小飞机是否有滚转（偏斜）的趋势，两翼升力是否平衡。经副翼调平后，再进一步调整重心位置、升降舵和方向舵，直至小飞机能有较好的滑翔状态。

2. 自制模型小飞机
——用吸管制作机身的小飞机

吸管作为机身的小飞机

让我们自己动手，来学习制作另一架经过改进的、用塑料吸管和小木棍（或一次性筷子）做机身的小模型飞机。 这架小飞机会更加轻巧，在空中滑翔的时间更长。

材料和工具准备

（1）机翼、尾翼材料准备

制作简易模型飞机机翼和尾翼的材料，原则上要求又轻又薄，并且有一定韧性的轻质材料。这次制作使用的材料是我们在文具店里经常可以见到 "吹塑纸"。需要注意的是：目前市场上能够买到的吹塑纸一般都较软，不够挺实。最好能找到单层、韧性较好的吹塑纸，颜色不限。

吸管、木条及吹塑纸

当然也可以使用厚度较薄的卡片纸（包括新品卡纸和代用品，如韧性较好的台历纸）。

（2）机身材料的准备

制作小模型飞机要选用直径达到5.5 ~ 6毫米的塑料吸管，最好是未使用过的新吸管。如果是使用过的吸管，一定要洗净并晾干。

为了让机头比较结实，我们在机身前部最好安装一个7 ~ 8厘米长的木（竹）棍，最简便的是找一双筷子。竹（木）筷子的粗细最好与吸管直径相当，稍经磨削就可以插进吸管为宜，而且要尽量选用比较直的吸管和筷子。

（3）辅助材料：5毫米宽的双面胶、普

通的小透明胶带、机头配重用塑料绝缘胶带、一小块KT板、泡沫塑料快干胶或白乳胶。

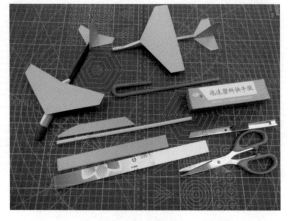

辅助材料和工具

（4）工具准备：美工刀、直尺、铅笔、橡皮、安全剪刀、少量的80目（1#）木工砂纸。

制作步骤

（1）绘图：按照下面图纸给出的数据，在纸（或吹塑纸）上画出小飞机的机翼、水平尾翼和垂直尾翼。

（2）小心地剪下机翼、水平尾翼和垂直尾翼。

注意，在剪的过程中一定要保持材料的平整，不可弯折。

（3）制作机身

①将吸管可弯折（伸缩）的部分剪掉，保留约16厘米长的一段直管。

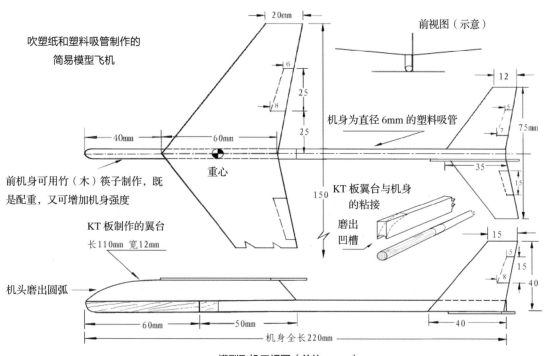

吹塑纸和塑料吸管制作的
简易模型飞机

前机身可用竹（木）筷子制作，既是配重，又可增加机身强度

机身为直径6mm的塑料吸管

重心

KT板制作的翼台
长110mm 宽12mm

KT板翼台与机身的粘接

磨出凹槽

机头磨出圆弧

机身全长220mm

模型飞机三视图（单位：mm）

② 将筷子的一端稍加修整、磨圆，最好是能与吸管的内径紧密配合，筷子其他部分不能带有木刺。

③ 将削圆的小木棒插入吸管中约 1 厘米，可以用泡沫塑料胶直接粘接木棒和吸管。还可以用小透明胶带将它们稍稍加固一下。

木棍机头与吸管的粘接

注意：粘接之前一定要检查木棒与吸管，要尽量粘接顺直，不能弯曲。

注：这样制作的机身前部耐撞，机身后部更加轻巧。

（4）制作和安装翼台

① 裁切翼台：按照图纸先裁下 1.2 厘米宽、11 厘米长的一小条 KT 板，再将其修磨成形。

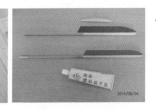

美工刀裁切 KT 板　　**前机身与机翼、尾翼**

② 翼台修整：为了翼台与机身粘接得更牢固，应该把翼台下面与机身粘接的位置用砂纸稍加修整，磨出凹形的圆弧面使它们粘接的面积更大。

③ 翼台与机身粘接：按照图纸位置要求，用泡沫塑料胶（或用 5 毫米宽的双面胶）将翼台与机身粘在一起。

④ 模型飞机的总装：按照三视图的要求，将机翼、水平尾翼和垂直尾翼与机身粘接到一起，注意机头加好配重。

小飞机的调试

这一类常规布局的小飞机的调试方法都大致相同。通过前面的制作和调试，大家对各个舵面的作用会更加熟悉。

总结与思考

1. 请总结：本章中我们共认识了几种不同布局的飞机？

2. 常规布局的飞机与鸭式布局的飞机各有什么优缺点？

第四章

设计自己的小飞机

作为一个小飞机设计师，首先要学会看小飞机的图纸，进一步要学会绘制三视图。经过一番锻炼后，还要学会把我们头脑中想象出的飞机形象变成一张平面的设计图，最后才能进一步加工、制作出一架属于你自己的小飞机。

几种小飞机展示

一、三视图对于工程建设意义重大

近年来，我国的各项科学技术和工程建设方面都取得了举世瞩目的巨大进步——体型巨大、性能先进的各类船舰不断下水，构型奇特、雄伟壮丽的新型建筑拔地而起，性能一流的高铁列车飞驰全国、走向世界。高性能飞机不断展现，新型火箭、卫星连续密集发射。汽车工业快速发展，珠港澳大桥的成功建设让世界震惊……这些都证明了我国的科学技术的飞速进步，以及工程建造能力的不断发展和强大。

但是你知道吗，所有这些规模宏伟、飞速发展的高科技工程从规划到建造都需要从设计第一张图纸开始。

每一台（套）巨大的机械设备不仅要画

各种高技术产品

出它的总体结构图，还需要绘制出成千上万张精细的零部件图，而且绝大多数图纸基本上都必须要用三视图才能描述清楚。

由此可见三视图对于工程建设和机械制造的重大意义。

二、学会看三视图

（一）三视图与正投影

　　那么，什么是三视图呢？它就是一份（张）能够准确说明所设计物体长、宽、高尺寸的正投影工程图。每一张标准图纸中都将包括正（前）视图、俯视图和侧（左）视图三个基本视图，因此称为三视图（又称三面图）。

　　正投影是指平行投射线（平行光）垂直于投影面时，被照射的物体在投影面上形成的图形。

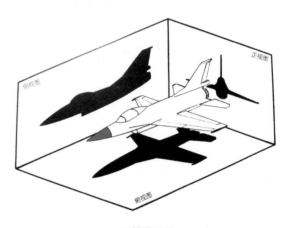

三视图原理

（二）看一架真飞机的基础三视图

　　在俯视图上直接看到：机头长度；机翼和尾翼的平面形状；是平直翼还是梯形翼，是矩形翼还是三角形翼；机翼与尾翼间的距离。在侧视图上，我们看到了机身和垂直尾翼的侧面形状，它们的位置以及它们的机身侧面积大小。

　　在前视图上可以看到：机身的横剖面大体是圆形，

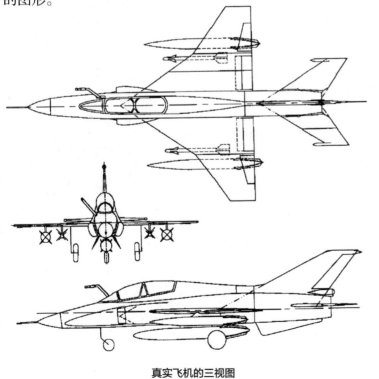

真实飞机的三视图

机翼和机身的水平线之间有一个上扬的角度，水平尾翼可能也会有上反角。

在不同的图上，我们还可以看到外挂的发动机以及其他相关器材的位置和外形。

（三）看一架模型飞机的基础三视图

下面展示的是一个小模型飞机的三视图。从图纸上看小模型飞机比真飞机要简单很多。

但是，从俯视图上我们依然可以看出机翼、尾翼的平面形状；从侧视图上同样可以看到机身和垂尾的形状、大小；在前视图中，可以看到机翼与机身的相对位置、它们是否有上反角及角度有多大。

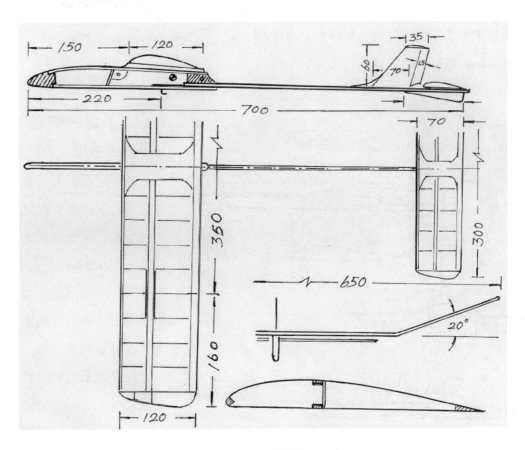

模型滑翔机的三视图（单位：mm）

三、几个与飞机有关的术语

在开始设计和制作小飞机之前，我们必须要了解一些在大飞机和模型飞机上常用的技术名称和专业术语。

（一）机身总长

从机头最前端到机身最末端的直线距离。

（二）翼展

机翼（或水平尾翼）左右翼尖之间的直线长度（应包括穿过机身部分的长度）。

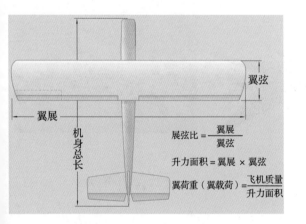

$$展弦比 = \frac{翼展}{翼弦}$$

$$升力面积 = 翼展 \times 翼弦$$

$$翼荷重（翼载荷）= \frac{飞机质量}{升力面积}$$

（三）翼型

机翼（或尾翼）的剖面形状。

（四）前缘和后缘

前缘是指翼型的最前端，后缘是指翼型的最后端。对于机翼（或尾翼）而言是指整体机翼（或尾翼）的前部边缘和后部边缘。

机翼的前缘　　　　　机翼的后缘

（五）翼弦和平均翼弦

从机翼的前缘到机翼后缘的直线距离称为翼弦。对于梯形机翼来说，机翼靠近机身的翼弦（又叫根弦）较宽，靠近翼尖部分的翼弦（又叫尖弦）较窄。根弦与尖弦的平均值则称为平均翼弦。

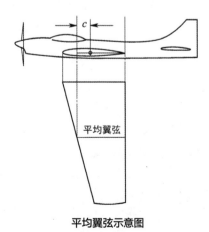

平均翼弦示意图

（六）展弦比

展弦比是指翼展与翼弦的比值，展弦比大的机翼比较窄而长，适用于飞行状态稳定的飞机，如大型运输机、客机、长航时无人机等，在模型飞机中适用于较大的滑翔机。

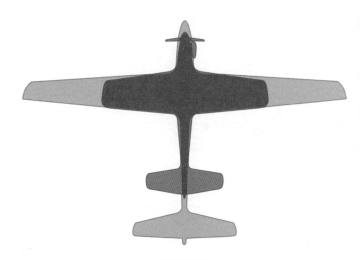

展弦比图

大展弦比的飞机和模型飞机

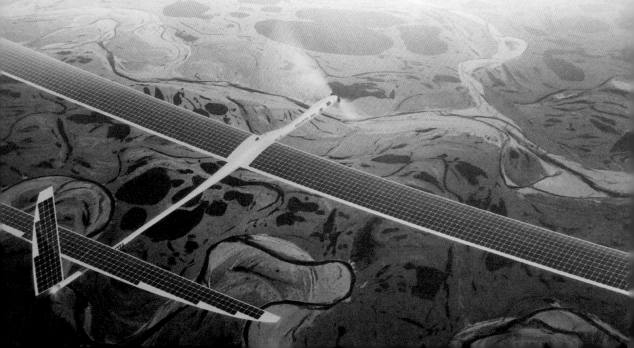

小展弦比真飞机

展弦比小的机翼比较短而宽，适用于机动性较好的飞机，如战斗机、教练机。在模型飞机当中适用于各种特技类模型飞机。

小展弦比模型飞机

（七）重心

飞机各个部分重力的总合力点。

（八）机翼面积和总升力面积

各种形状机翼的正投影面面积（包括穿过机身的部分）称为机翼升力面积。

机翼和尾翼升力面积之和为总升力面积。在真飞机上以米^2（m^2）为单位，在模型飞机中以分米^2（dm^2）为单位。

（九）翼载荷

翼载荷又称为翼荷重，是指每单位升力面积所承担的飞行重量。在真飞机上是以千克／米²（kg/m²）为单位。在模型飞机上是以克／分米²（g/dm²）为单位。翼载荷直接影响到飞机飞行的性能和效果，后文对此还会有专门介绍。

（十）尾力臂

尾力臂是指从尾翼的距前缘 1/4 处至全机重心的距离，尾力臂的长度和水平尾翼的面积会影响到整架飞机的稳定性。

模型飞机的上反角

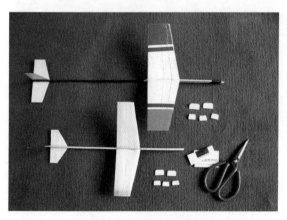

两种不同尾力臂的小飞机

真飞机和无人机的上反角

带下反角的飞机

（十一）上反角和下反角

从飞机的正前方向后看，机翼（或水平尾翼）与整架飞机的水平面可能会有一定的角度。如果机翼（或平尾）的翼尖高于与机身连接的机翼根部，简单说就是翼尖上翘称为上反角，反之，翼尖低于翼根则称为下反角。

（十二）后掠角

机翼（或水平尾翼）前缘与垂直于机身中轴线的直线之间的夹角称为后掠角，也有少数飞机设计成前掠翼。

后掠角示意图

前掠翼飞机

（十三）升阻比

整架飞机的升力与阻力之比，即升力／阻力，称为飞机的升阻比，又称为整机的气动效率。升阻比越大，飞机在水平等速飞行时所需要的动力就越小。

对于机翼而言，不同的翼型在不同的迎角时也会有不同的升阻比。因此根据不同飞机的用途，也会选择升阻比较大的翼型。

（十四）滑翔比

滑翔比是指：在无动力状态下（或在怠速的小动力状态下）飞行器每下降 1 米所滑翔的距离称为滑翔比，即 $L／H$（其中，L 是滑翔距离，H 是下降高度）。

滑翔比越大，说明其滑翔性能越好。每一类型飞行器的滑翔比各不相同，一般的飞机滑翔比在 10 ~ 20，普通训练用的初、中级滑翔机，滑翔比大约在 20 ~ 40。而一架高级滑翔机，由于其整体设计合理、外形光顺、阻力很小，机翼使用的是高升阻比的翼型，飞机的滑翔比可高达 60 以上。

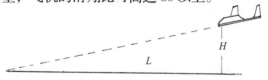

滑翔比示意图

中、高级滑翔机

由此可以看出，飞行器的升阻比直接影响到它的滑翔性能，因此滑翔比也可看作是升阻比。

四、几种常见的机翼平面形状

学习设计小飞机一般需要先从模仿开始。了解当前飞机的基本外形，首先是机翼的平面形状，是设计小飞机很关键的一步。让我们初步了解几种不同平面形状机翼的设计特点。

（一）矩形平直翼

早期的飞机大多采用外形简单的矩形平直翼。它的制造工艺相对比较简单，低速飞行性能良好。直到现在还有少量轻型飞机采用这种设计。

早期的福克 -3　　　　　运 12

（二）平直梯形翼和椭圆型翼尖

第二次世界大战期间，飞机出现了新变化。飞机设计师们为了使机翼的受力结构更为合理，设计出了机翼中部（翼根）较宽，外翼尖较窄的梯形平直机翼。同时，为减小阻力又把翼尖设计成椭圆形翼尖，这样又出现了一批性能优秀的平直梯形翼和带有椭圆翼尖的平直翼战斗机。其代表机型有英国"喷火"、苏联的雅克 -3 和美国的 P-38。

"喷火"　　　　　　P-38

（三）后掠梯形翼

经过艰难探索，航空科学家们逐步认识到：前缘带有后掠角的飞机更加容易接近和跨过声速。于是，现代化的喷气式战斗机和民航飞机大多都会采用后掠式的梯形机翼和尾翼，较窄的翼尖可以减小翼尖的诱导阻力。由于实际用途不同，速度不同，它们的机翼后掠角度差别很大。

波音系列民航飞机、中国的歼轰 7 "飞豹"、米格 -29、美国 F-4 等机型，都是典型的梯形后掠翼飞机。

歼轰 7　　　　　　F-4

强 5

波音 737

国的 F-102 等战斗机，不过在米格 -21 等战斗机的三角型机翼上，根据需要做了一点"切尖"的处理。

英法两国联合研制"协和"式民航飞机，虽然它的前缘呈 S 形曲线，但是总体上还属于特殊的无尾三角翼设计。

（四）三角形机翼

20 世纪五六十年代曾经出现了一批超声速战斗机，为了减小阻力，增加机翼的强度和刚性，它们都采用了几乎是完全的三角形平面机翼的设计。其中有常规布局的飞机，也有无尾布局飞机。代表机型有苏联的米格 -21、法国的"幻影"系列战斗机、美

（五）组合型翼

近年来在试验中发现：有些不同后掠角的机翼组合在一起，将能够兼顾到低速和高速的性能，使机翼产生更好的升力效果，于是就出现了双三角翼、加边条的平直翼和后掠翼。

美国 F-106

"幻影"2000

F-18、SAAB 35 和米格 -29（从左至右）

典型的机型有：瑞典的 SAAB 龙式战斗机、美国的 F-18、中国的练 -10 、美国 F-16XL 等。

（六）前掠翼

前掠翼是一种气动性能很好的机翼设计，有较高的升阻比，能够适应跨声速和超声速飞行。但是由于它对机翼的刚性（抗变形能力）要求极高，目前只有少数试验机采用这种设计方案。代表机型有美国的 X-29 和苏联的苏 -47"金雕"。

以上介绍的是当前比较典型的机翼平面形状。通过这些学习，你是否能够仿照它们画出自己的第一个小飞机了？通过后续的学习和锻炼，希望你今后能设计出性能更好的机翼。

X-29（上图）和苏 -47（下图）

五、 制作简易模型滑翔机

下面让我们自己来设计制作一架简易的像真模型飞机吧。

这是一个简易版的梯形翼模型战斗机。对于我们初学者来说材料易找，制作比较简单。只要认真制作，细心调整一定能飞得很好。

厚、比较挺实的吹塑纸或 PS 发泡片。如果不知道一张薄卡片纸的厚度，那就把 10 张或 20 张纸叠加在一起，试试能不能量出来。

工具材料准备　　　　　测量纸张的厚度

（一）材料和工具准备

1. 材料准备

（1）制作机翼、尾翼的材料：用 0.2 ~ 0.3 毫米的薄卡片纸，也可以用 1 毫米

（2）制作机身材料：普通广告宣传用 KT 板（一种大约 5 毫米厚的轻质泡沫塑料板）。一个 1 ~ 2 毫米厚、5 毫米宽、15 厘

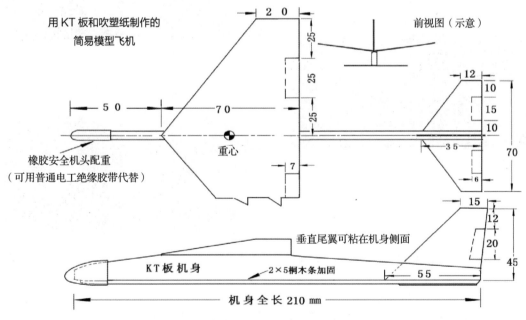

用 KT 板和吹塑纸制作的简易模型飞机

前视图（示意）

橡胶安全机头配重
（可用普通电工绝缘胶带代替）

重心

垂直尾翼可粘在机身侧面

KT 板机身　　　2×5桐木条加固

机身全长 210 mm

简易模型飞机尺寸图（单位：mm）

米长的小木片。

（3）其他材料：泡沫塑料快干胶一支、透明小胶带、5毫米宽的双面胶带、配重小胶头一个（可用彩色电工胶带代替）、曲别针若干备用。

2. 制作工具准备

小钢板尺（20～30厘米）一把、三角板一份（备用）、铅笔、橡皮、小美工刀、安全剪刀。

（二）制作过程

1. 制作机翼

按照图纸要求，先在材料（薄卡纸、吹塑纸或PS发泡片）上画出机翼、平尾和垂尾的图。再用剪刀剪下，如果使用美工刀与钢板尺切下机翼会更平整。

裁切机翼　　　　　　　　裁切机身

2. 制作机身

（1）裁出18毫米宽、240毫米长的KT板机身条，后1/2机身注意按照图纸修型收窄（留2/3）。

请注意，上面的一个机身是飞直线的小飞机，下面的一个是为绕标小飞机而制作的机身。大家能看出它们有什么区别吗？

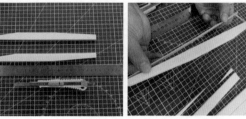

制作机身，前后修型　　　　机身用木条加固

（2）机身前下部用双面贴或快干胶粘上小木条，以增加机身的强度。

（3）粘接平尾、垂尾和机翼，注意顺序。

粘接平尾和垂尾　　　　　　粘接机翼

（4）机头修整及配重

机头修型加上胶头　　　　飞机完成、配重待用

3. 总装完成后，再次检查机翼、水平尾翼及垂直尾翼位置是否准确，并查看重心

位置，必要时可用曲别针或小垫片进行调整。

（三）检查与调整试飞

小飞机的调整试飞在本书第二章中已有详细的描述，在这里只强调三点：

1. 纸质机翼的模型飞机在制作过程中稍不注意就会发生变形。在检查时一定要先调整机翼，使它尽量保持平整，不能扭曲。

2. 调整小飞机时一定要先调整横侧的平衡，按照 44 字口诀调整副翼，不能让它出现滚转。

3. 注意手投姿势。正确的出手姿势和角度是检验小飞机真实状况的基础，小飞机出手时一定要处于水平状态。

（四）从仿制到创新

纸质（吹塑纸）机翼小飞机的材料容易找到，价格很低，制作简单。在制作上一架小飞机的基础上，我们可以继续探索，从仿制开始，不断发展创新。通过学习探索，设计出各种类型机翼的小飞机，还要掌握了解它们的飞行调整特点，让我们在成为小设计师的道路上再前进一大步。

给出几张小飞机的照片，供大家在设计新飞机时参考。

不同机翼的小飞机

总结与思考

1. 请画出现代飞机的几种常见的机翼平面形状。

2. 作为小设计师，你会如何设计你的下一架性能优异的滑翔机？

第五章

机翼如何产生升力

很多读者都会问：这么大的飞机为什么能够飞上天？飞机的机翼为什么能够产生升力呢？……有些读者已经想到这一切可能与空气有关，那么空气又是怎样把大飞机托上天空的呢？下面我们就来探索其中的奥秘吧。

一、流体力学基础知识

（一）流体和流体力学

在同大自然界的斗争和生产实践中，人类对大自然逐步有了深刻的认识。自然环境中的土地、水和空气是人类生活的最基本的物质条件。

当大自然展现出它的温柔时，可以风调雨顺，为人类的生产和生活提供一个优美、良好的自然环境。而当大自然"疯狂发怒"时，迅猛的洪水可能会在人间肆虐，狂风也会掀起飞沙走石、掀翻房顶，甚至将大树连根拔起。这使人类感到极度的恐惧——人们意识到了洪水和狂风的力量。

龙卷风

洪水冲击

在逐步对于大自然中的现象进行研究之后，人们认识到：世界上的各种物质大体上有三种形态——固体、液体和气体。其中，气体和液体都是可以流动的物质，又称为流体。

大约在2200多年前，古希腊的科学家阿基米德发现了著名的浮力定理，证实了物体在液体中所获得的浮力等于它所排出同等体积液体的重力。就此，开启

阿基米德

了流体（主要是液体）静力学的研究。时至今日，船舶的浮力设计还一直遵循这一原理。

而从17世纪末期开始，科学家们逐渐认识到空气中同样可能存在浮力。于是在以后的一百多年中，气体静力学的实验和研究又推动了热气球、氢气球和飞艇的发展。

流体力学还有另一个重要部分，就是流体动力学。它研究的是流体（包括液体和气体）在运动状态下对物体所产生的力，或者物体在静止的流体中运动时所受到的力。

由于我们的目标是研究飞机在空气中的运动，那么需要学习和了解更多的是空气动力学。

（二）两个流体力学基本原理

在继续下一步的研究之前，还需要掌握一些流体力学的基本知识。

1. 流速与通道

我们所说的流体（包括气体和液体）都认为是不能被压缩的，同时还要保证整体的流量是连续稳定的。以一段流量稳定——既没有其他水流注入，又没有另外的河道分流的河流为例：水的流动速度与这段河流的各个截面的大小一定会成反比。

法国热气球

现代热气球

飞艇

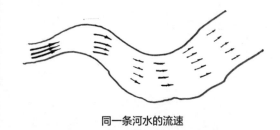

同一条河水的流速

平缓的江水

也就是说：同一条河流，在通过河面狭窄、深度较浅的水道时，河水一定是速度很快的急流；而在水面宽阔、深度较大的河道处，水流速度一定会比较平缓。

这里需要明白的是，虽然每一段河道的截面积不同，但是在同一个时间段中，流过的水量都是相同的。

此处讲述虽然是以水为例，但是空气的流动与此道理相同，这就是流体力学中一个重要的定理——流体连续性原理。

2. 伯努利定理

瑞士科学家伯努利经过大量实验，对理想状态下的流体运动速度、压力、密度等数据进行了测试分析后，总结出一个规律，这就是：大气的压力总体是一个相对稳定的常数。可以简单地理解为：大气压力＝动压＋静压。

也就是说，大气压虽然由于高度不同而有所变化，但是各个高度的气压都是所在位置的动压和静压之和。动压增大则静压减小，动压减小则静压增大，这就是伯努利定理的基本含义。

3. 机翼与空气之间的相对运动

在研究飞行中的机翼与空气之间的作用时，我们还需要了解相对运动的原理。这就是：飞机在大气中以一定速度向前飞行时所受到的空气动力，与空气以同样运动速度吹向固定不动的飞机所形成的空气动力，是完全相同的。

根据这一原理，航空科学家们设计了风洞。用高速流动的空气流经飞行器的表面，来测试飞行器在不同角度、速度和姿态下气流的变化规律，以及它们对飞行器的影响。风洞为飞行器的测试和研究提供了极大的方便。

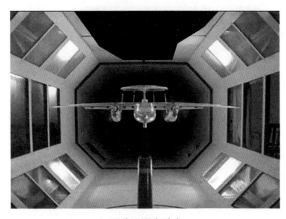

现代风洞实验室

二、空气动力实验及分析

我们来做两个简单又有意思的实验吧！

（一）实验过程

实验 1：悬空的乒乓球

准备一个乒乓球和一个玻璃漏斗。先用手指把乒乓球托在玻璃漏斗的下面，当你猛力吹气的同时松开手指，乒乓球是否会落下来？想一想为什么。

实验 2：吹纸实验

准备两张干净平整的 A4 纸。手拿纸张相距 15 厘米左右，用嘴在中间努力向下吹气，观察纸张会出现什么现象。

（二）实验分析

回想一下前面内容提到的流体力学基本知识，相信你能够理解以下分析内容。

● 实验 1 分析

如右图所示，当猛力吹气同时松开手指时，高速气流会从乒乓球周围流过，乒乓球下方就会出现速度较慢而且方向不定的乱流。而高速气流对侧向的压力较小，球体下方的低速乱流相对气压较大，就把乒乓球托在了空中。

漏斗与乒乓球气流

● 实验 2 分析

没有吹气时，纸张周围的空气相对静止，各个方向的压力相同，因此纸张处于静止不动的状态。

当在两张纸的中间用力向下吹气时，中间的气流在快速向下流动，而纸的外侧空气处于静止状态。气流对流动方向产生的压力会加大，而对两张纸中间的侧向压力会减小。这时在两张纸的外侧——处于静止状态的空气相对压力就会较大，这个压力就会把纸推向中间。

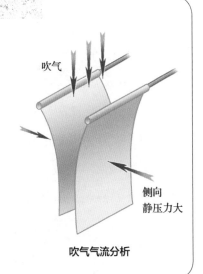

吹气

侧向
静压力大

吹气气流分析

从以上两个实验中，我们看到了大气的动压和静压在运动中的变化，完全证实了前面学过的伯努利定理。

三、机翼如何产生升力

自古以来，怀着飞行梦想的探索者们一直在关注各种鸟类和昆虫的飞行。希望通过模仿它们的扑翼飞行方式，给人类也插上类似的翅膀。

18世纪末，英国科学家凯利明确指出：人造飞行机器，即飞机，应当实现"升举"和"动力"两种功能，而且首先要解决"升举"这一问题。凯利还指出了鸟翼剖面弯曲的重要性。 应该说从这时起，航空科学家们就已经开始重视翼型的研究了。

凯利

科学家们经过长期的观察和实验分析，对于机翼的剖面形状做出了基本设计。这类翼型的基本特点是：前圆后尖，上凸下平。为什么航空科学家要把机翼的剖面设计成这样的形状呢？

原来在飞机飞行的过程中，前方的气流在遇到机翼时会被机翼分为上下两部分：从右图可以看到，上半部分的气流沿着机翼的弧形表面迅速上升，快速经过一段较狭窄的

升力　升力和阻力的合力

阻力

翼型

翼型表面流线图

区域后又逐步下滑进入较宽的区域并减速；下半部分的气流沿着机翼较平坦的下表面匀速滑出后缘。

于是在飞行中，从机翼前缘开始直至中后部的上翼面就形成了一个快速流动的低气压区，而下翼面的气流保持了平稳而较低的速度。

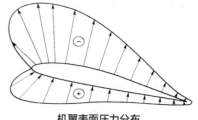

机翼表面压力分布

依据前面所学的知识得知：下翼面的流速相对较低，区域气压较大，而上表面快速流动的区域气压较低，于是上、下机翼表面就形成了压力差，这个压力差就是我们所需要的"升力"。

四、翼型的种类

经过长时间的探索，航空科研人员为不同用途的各类飞机和飞行器设计出了成千上万种不同性能、不同特点的翼型。

但是归纳起来大致有以下几种类型。

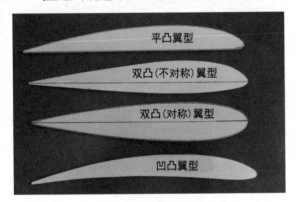

各类翼型

1. 平凸翼型

这是典型的上凸下平的翼型，这类翼型升阻比不大，制作相对比较简单，适用于一些轻型飞机和简易的模型飞机。

模型飞机平凸翼型的机翼

2. 双凸（不对称）翼型

这是真飞机当中使用最多的一类翼型。但是上下双凸弧线的弧度、翼型厚度千差万别，空气动力性能也各有特点。可以分别适应多种低速、高速的，不同用途的轻型、中型、重型飞机的需求。许多较大的遥控模型飞机也使用这种翼型。

模型飞机双凸翼型的机翼

3. 双凸（对称）翼型

理论上讲，双凸（对称）翼型在与气流相对迎角为0°状态下不会产生升力。因此，这类翼型一般用于垂直尾翼和水平尾翼上。

在一些经常有倒飞动作的线操纵特技模型飞机上也会使用这类翼型制作机翼。

线操纵模型飞机

4. 凹凸翼型

凹凸翼型开始时用在航空事业初期低速飞机的机翼上。随着飞机速度的提高，在真飞机上已不再使用。

但是由于凹凸翼型的升阻比较大，受到航模爱好者的欢迎。经过不断改进，许多型号的凹凸翼型用在竞时模型飞机上。

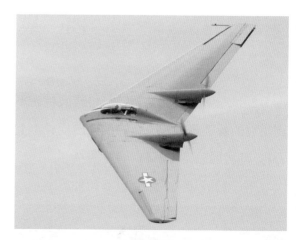

飞翼型飞机

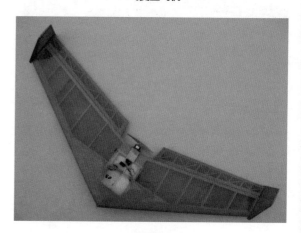

飞翼模型飞机

高级模型滑翔机

5. 特种翼型

由于飞机设计的特殊性，对机翼的设计也会有特殊要求。例如，飞翼类布局的飞机就会使用 S 形的翼型。

翼型设计对于飞机的性能有着至关重要的作用。由于飞机的种类繁多，对机翼的性能要求各不相同，因此世界航空大国都有专门研究翼型的机构，他们研究出了多种系列、能够适应不同需求、性能更好的翼型，如层流翼型、超临界翼型等。

为飞机设计好机翼，选择合适的翼型，能够让飞机飞得更高、更快、更远。

五、影响升力的几个因素

在早期的航空发展史上，许多国家的航空科学家都在探索机翼升力的奥秘。

他们制造了简易的风洞，制作了大量的模型，进行了无数次的空气动力学实验，积累了许多宝贵的数据和经验。特别是美国的航空先驱兰利，对于机翼升力的研究做出了重要贡献。

莱特兄弟的简易风洞

兰利

通过实验，他们观察到：机翼的升力与空气密度、飞行速度、机翼面积以及机翼的翼型和角度等多个因素有密切关联。由此总结出一个重要的公式，这就是

$$Y = 1/2\, \rho V^2 S C_Y$$

用文字表述即：

总升力 =1/2 × 空气密度 × 速度的平方 × 机翼面积 × 升力系数

也就是说：

1. 低空的空气密度较高，机翼升力就大。高空的空气逐渐稀薄，升力会逐渐降低。

高海拔地区升力降低，机场跑道较长

2. 升力与飞机速度关系极大，而且与速度的平方成正比。

速度加快到原来速度的 2 倍时，升力将提高到 4 倍。速度加快到 3 倍时，升力将提高到 9 倍。

3.升力与机翼面积成正比，面积越大，升力越大，面积减小，升力会降低。

4.升力大小与升力系数成正比。升力系数是一个较复杂的概念，它包含两重含义：

（1）不同的翼型有不同的升力系数。总体来说，不同的飞机要选择适合机型需要的、升阻比较大的翼型。

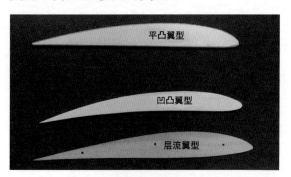

不同升阻比翼型

（2）升力系数与机翼的迎角有关。从水平状态开始，机翼迎角逐渐加大，升力系数也会逐步加大。

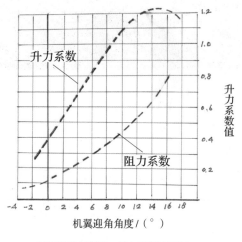

机翼迎角角度/（°）

某翼型升力曲线、阻力曲线示意图

但是，也并不是角度越大越好，当机翼迎角达到一个临界点之后，机翼升力会急剧降低，同时阻力会急剧增加。

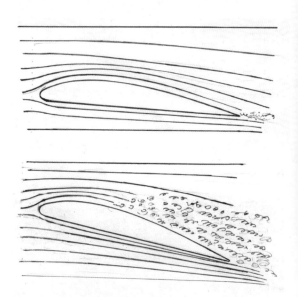

小迎角飞行时，机翼上表面空气流动速度较快而平稳，能产生较大的升力。超过一定的（临界）迎角飞行时机翼上表面气流出现涡流，升力大大减小，而阻力迅速增大。

这个升力公式中所有的因素都很重要，而且都是成正比关系，在飞行中任何一个因素都不可缺失。

明白了这个公式的意义后，可以想一想，下一步你如何考虑小飞机机翼的设计呢？

六、滑翔中的科学

鹰在空中飞翔

（一）滑翔是飞行的开端

在我们制作的模型飞机中，滑翔机是很重要的一大类别，平稳地滑翔是模型飞机飞行中一种十分重要的姿态。对于滑翔，《中国大百科全书·航空航天卷》中是这样定义的：依靠自身重力的分量获得前进动力，损失高度（消耗势能）的无动力下滑飞行（状态）称为滑翔。

人类的航空发展史上，在人们对航空科学技术的探索研究中滑翔机也曾起到了十分重要的作用。在早期的飞行研究中，由于没有合适的动力，许多航空的先驱者便对滑翔机的飞行进行了认真的研究。其中最为著名

的要数"滑翔机之父"——德国的飞行家李林达尔，以及他的弟弟。

李林达尔兄弟从小就对鸟类的飞行有极大的兴趣，尤其是老鹰和鹳在空中展翅翱翔的飞行姿态，常常使他们着迷。

青年时期在大学学习的李林达尔便动手制作了几种模型滑翔机，并进行了飞行试验。他们把学到的关于物理学和空气动力学的各种知识与飞行实践结合起来，为后来的滑翔机设计奠定了理论基础。

经过二十多年的研究，1891年李林达尔兄弟制造出了一架大型的构架式、带有拱形机翼翼型的滑翔机，首次试飞便获得成功。

李林达尔和他的滑翔机

1894年以后，李林达尔又驾驶自己设计的滑翔机多次从高坡上滑翔而下。在两年多的时间里，他积累了2000多次滑翔的

经验，对滑翔机的稳定性和操作性有了比较深入的了解，记录下了许多实验数据，还写了多篇论文。

遗憾的是，就在即将进行动力飞行的前夕，李林达尔在 1896 年 8 月的一次飞行事故中不幸牺牲。他的名字和他在飞行实践中为后人留下的宝贵经验，永远记录在了航空史册中。

滑雪运动

（二）滑翔的力学分析

再回到小滑翔机的研究上，既然小飞机上并没有装上动力，那么我们的小飞机又为什么还能滑翔前进呢？

我们以滑雪运动为例来进行说明。当人乘坐缆车升上滑雪道上端的平台时，他已经具有了从上向下滑行的能力，在物理学中称为势能。当坐在滑橇上向下滑行时，人和滑橇整体会受到重力的作用，这个力可以分解成两个力，一个力是垂直于滑雪道的压力，另一个力是沿滑雪道表面向斜下方的下滑力（或称为前冲力），这个下滑力就是人和滑橇整体克服滑道阻力向前向下滑行的力。这时，人原来所具有的势能就转化为向下滑行的动能。

我们蹬着自行车上坡骑行自然是很费力的，因为这是在利用体力积累能量。当

到达坡顶时就有了一定的高度，也就有了一定的势能。顺坡而下时，就是在用势能转化为动能，克服阻力一路前行。

骑自行车下坡

从以上两个例子进行类比，你是否能分析滑翔机是如何克服空气阻力向前滑行的呢？

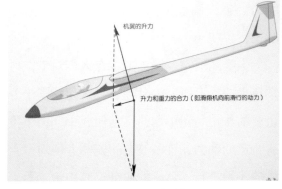

滑翔机下滑受力分析

七、弹射模型飞机制作

（一）简易成品套材制作

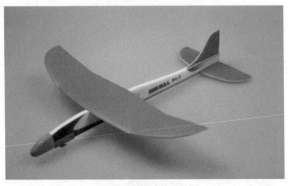

"海鸥"弹射模型飞机

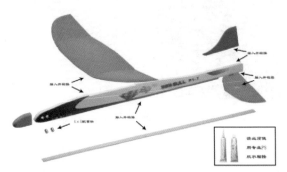

"海鸥"弹射飞机零件

这是一套简单易装的套材弹射模型飞机，开盒后也仅有 七八个小部件。

组装步骤

1. 清点零件。

4. 粘好垂直尾翼。

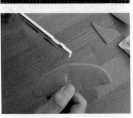

2. 粘好水平尾翼。

5. 粘上机翼，注意与平尾平行。

3. 粘好机身下面的加强条。

6. 安装机头配重（金属圆柱）。

7. 安装塑料弹射钩（加胶固定）及胶头。

装机完成。

在正式弹射试飞前，小飞机一定要经过手投试飞调整。

首先要检查各个部分是否安装准确、牢固，初步检查重心位置是否合适，经手投试飞确定是否需要加粘（薄卡纸）调整片。允许稍有一些左（或右）转弯趋向，尽量使小飞机有较好的滑翔状态。

弹射小飞机的试飞

弹射小飞机与其他的小飞机放飞不同。由于弹射出手的初速度远高于正常滑翔速度，因此会出现两大问题：

一是弹射危险性较大，放飞时要格外小心，一定要远离人群。

二是由于弹射过程中高速与低速会迅速转换，而机翼的升力与其飞行速度的平方成正比，因此飞行姿态可能会变化很大，调整时要非常细心，兼顾到高速出手与正常滑翔两种状态。

有以下几个要点需要注意：

（1）试飞要逐步试验，要从小动力弹射调整开始，逐步探索飞行规律，直至可以大动力弹射取得最好成绩。

（2）小飞机弹射时不可平射，注意前面要一只手握弹射棒，仰角 40°～ 45°，后面要用三个手指捏住尾翼和后机身。

右盘旋的小飞机要右手在前，左盘旋的小飞机要左手在前

（3）小飞机弹出时要有一定的倾侧角度，左盘旋的小飞机要左手在前、小飞机向右倾斜。反之，右盘旋的小飞机要右手在前、小飞机要向左倾斜。

倾斜角度视盘旋半径大小而定，盘旋半径大的小飞机可以倾斜角度小一些。盘旋半径10～15米，以飞行场地的大小来确定为好。

我们希望小飞机能够盘旋上升，然后改入平飞滑翔状态。

一定要注意：安全第一！

盘旋上升的轨迹

（二）自制简易弹射小飞机

如果你的手边没有买到合适的套材，那么我们仍然可以利用轻木片、KT板和小木条来制作简易的弹射小飞机。

在下面的介绍中，我们以KT板（5mm厚）来制作机翼。（机翼也可使用2～3mm轻木，制作方法相同。）

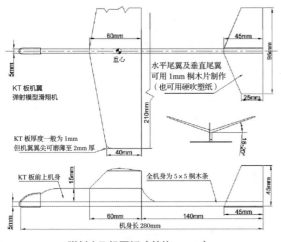

弹射小飞机图纸（单位：mm）

1. 材料和工具准备

（1）机翼材料：5mm KT板（揭掉上面一层塑料薄膜备用）。

（2）尾翼材料：1mm轻木片或桐木片，也可以用结实的卡片纸。

（3）机身材料：5mm×5mm×280mm桐（松）木条加5mm KT板。

（4）工具：铅笔、尺子、美工刀、粗（细）砂纸板、泡沫塑料快干胶、大头针、尖嘴钳、弹射橡筋、电工胶带等。

2. 制作过程

（1）按照图纸裁切出KT板机翼，揭开上面一层薄膜。

（2）画出机翼，画出四等分线。

（3）按照图纸要求用砂纸板磨出机翼翼型（前缘和后缘）。

（4）将机翼从中线切开，并切（磨）出粘接斜面。

（5）用胶将左、右机翼对粘在一起。注意上反角每一侧约20°。所以在粘接时只要一侧放平，令一侧垫起约40°即可。

（6）制作平尾和垂尾，并把它们粘在一起。

（7）制作机身：按照图纸所示，可以用几种材料复合制作一个机身。注意机身与机翼粘接部位的 V 形槽。

几种材料复合的机身

（8）小飞机总装：可先粘接水平尾翼和垂直尾翼，后粘接机翼。

注意：尾翼的横平竖直，左右机翼上反角要一致，还可加装调整片。

小飞机总装

（9）加胶头加装配重，必要时可以增加 1 ~ 2 枚曲别针或金属垫片。将重心调至预定位置。

小飞机配重　　　　　制作完成

（10）手投试飞：新飞机制作完成后必须手掷试飞，将小飞机调至最佳下滑角后（可稍有左、右转弯）准备进入弹射试飞。

好了，现在可以带着你的自制小弹射飞机去试飞了。弹射试飞的方法我们前面已经讲过了，此处不再多说。

记得要随时注意安全！

总结与思考

1. 请总结流体的运动速度与压力变化之间的规律。

2. 翼型有几大类型？

3. 影响机翼升力的因素有哪些？

第六章

让你的小飞机稳定飞行

一、什么是飞机的稳定性

我们最初制作小飞机，首先是希望它能够平稳地向前飞行，即使遇到外力的干扰也能够自动恢复平衡。我们把这种自动恢复平衡的能力称为"稳定性"。

飞机的稳定飞行是一个比较复杂的问题。在飞行中小飞机需要三个方面的稳定性，那就是：围绕横轴的俯仰稳定性、围绕纵轴的横侧稳定性和围绕立轴的方向稳定性。

此处做一些原理性的介绍，为大家提高自己设计的小飞机的稳定性提供一些基本思路。

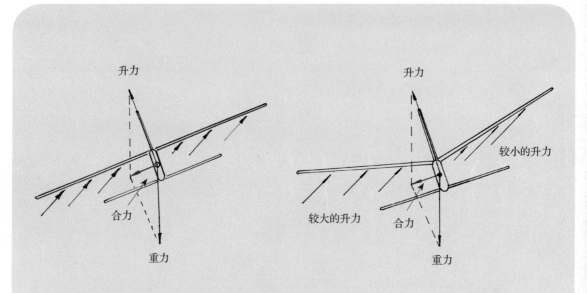

无上反角（左图）、有上反角（右图）的小飞机的侧滑受力比较。上反角的设置使小飞机自动恢复到平飞状态。

二、支点与重心实验

我们准备一根约1米长的细木棍，来做几个小实验。

（一）实验过程

1. 木棍放平，用手指支在中间，找到重心位置。

此时的木棍是否能够停稳？如果你用另一只手轻轻推一下会出现什么情况？

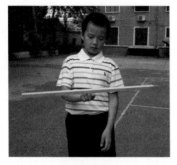

支点与重心贴近

2. 木棍立起，用手指轻轻捏住木棍上端。另一只手推一下，让它自由摆动之后会出现什么情况？

支点在上重心在下

3. 木棍立起，用一个手指托在木棍下端，看木棍是否能稳稳地立住。

支点在下 重心在上

（二）实验结论

实验1中，手指紧贴在重心下面，木棍能够平衡，但不稳定，一碰就翻倒，这种状态称作"中性稳定平衡状态"。

实验2中，手指捏住木棍上端（支点在上重心在下）时，木棍虽然开始可能有些摆动，但最后一定会停止摆动，趋于静止，这种状态称作"稳定平衡状态"。

实验3中，当手指支在木棍下端（支点在下重心在上）时，木棍很难立住，随时会倒下，这种状态称作"不稳定平衡状态"。

这三个实验让我们明确地认识到：支点与重心的相对位置对于稳定性非常重要，而且其影响有很大的区别。

三、飞机设计中的支点与重心

实际上，飞机的设计也与此相同：机翼的升力中心位置就是支点，整架飞机的重力大都集中在机身上。

从实验中得知："支点在上、重心在下"是一种稳定的模式。对于小飞机来说，机翼

上单翼机

中单翼机

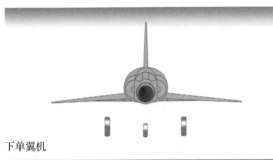
下单翼机

上、中、下单翼前视图

在上、机身在下的设计，叫上单翼的设计，是一种有助于提高俯仰稳定性和横侧稳定性的好的形式，因此许多自由飞类模型飞机会采用这种设计方式。

与此对应的是下单翼设计，由于支点在下、重心在上，这是一种相对不稳定的模式。从飞机的设计来看，稳定性和灵活性是相对的。在设计一些需要飞行灵活性、操纵性好的线操纵或遥控特技类小飞机时，往往会采用下单翼或中单翼的设计。

而中单翼模型飞机相当于支点与重心接近或重合，它的稳定性和灵活性介于上单翼飞机和下单翼飞机之间，在有些小飞机设计上也会采用这种方式。

以小见大，其实真飞机大体与此相同，真飞机也同样有上、中、下单翼之分。

对于需要飞行稳定性好，而不需要太多灵活性的各种运输机、轻型通用机、一般初级教练机都可能会采用上单翼的设计。

而对于需要作战时动作灵活、机动敏捷的战斗机、歼击机来说，大部分将会选择下单翼或中单翼的设计模式。

现在你应该知道为什么机翼的位置有

上、中、下单翼模型飞机

上、中、下单翼之分了吧。当然，设计一架大飞机需要全面、综合考虑的问题还有很多，机翼与机身的相对位置只是重要的因素之一。

上单翼真飞机

中单翼和下单翼真飞机

四、上反角和下反角

在我们小飞机的设计图上经常会看到机翼的翼尖高于机翼的中间部分，也就是说这个机翼带有一定的上反角，但也有的飞机带有下反角，这是为什么呢？

（一）上反角增加飞机的横侧稳定性

小飞机在空中飞行时会遇到气流冲击，出现左右摇摆，此时可能会出现偏航。设置上反角能够提高小飞机的横侧稳定性，可以使它自动恢复平衡。

那么，上反角是如何帮助小飞机克服偏航和横向摇摆的呢？我们看下图来分析一下小飞机的受力情况。

小飞机在空中正常向前平飞时，机翼的升力方向是垂直向上。当小飞机遇到某种气流（或其他因素）的影响，出现向一侧倾斜的状态时，升力的方向就会随之出现倾斜。这时从总的升力中会分出一部分横向的分力，造成小飞机的侧滑，同时垂直升力的减小会使小飞机出现一定程度的下沉，此时的整体飞行状态是向前向下方滑行。如果没有上反角，小飞机会继续侧滑，无法改出。

正是上反角的设置，使得侧滑方向一侧的机翼处于较大的气流迎角之中，因此能够获得较大的升力，这个恢复力矩的出现会推动小飞机自动恢复到平飞的状态。

（二）上反角的形式

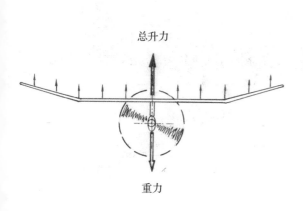

平飞受力前视图

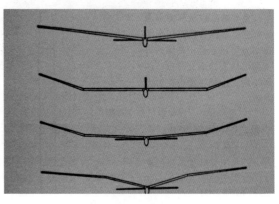

多种上反角

上图中画出的几种上反角可以出现在我们的模型飞机中，其中经常见到的是单折和双折的上反角，这两种上反角简单易作，对于小飞机的稳定效果也很好。还有少数模型飞机采用了三折上反角和弧形上反角，这两种形式制作起来难度比较大。

上反角的作用同样体现在真正的大飞机上。为了提高飞机的横向稳定性，多数真飞机上也会使机翼有一定的上反角。

（三）下反角使飞机更灵活

与上反角相对应的是下反角，它的作用与上反角恰恰相反。由于需要满足某些特定的需要，有些飞机会设计上单翼或大后掠角机翼。这些飞机的纵向（方向）稳定性和横向（横侧）稳定性很高，但是在飞行操纵时，动作可能会显得有些迟钝。而下反角会适当降低飞机横侧和方向的稳定性，使得飞机操纵起来更加顺从、灵活一些。

模型飞机的上反角

几种真飞机的上反角

有下反角的运 20 飞机

（四）上反角应按需要设置

在设计小飞机时，上反角要适度。过大的上反角会使小飞机左右摇摆，而且使升力有损失。上反角过小，则不能起到横向稳定的作用。

而且单折和双折机翼的上反角不完全相同，同种类型的小飞机，单折上反角可以稍小一些，双折上反角可以稍大一些，制作时最好参考所用图纸的数据确定。

单折、双折上反角

自由飞类小飞机需要稳定性更好一些。例如，弹射、橡筋动力小飞机上反角在 20° ～ 25°，而翼展较大的牵引滑翔机上反角在 15° ～ 20°。

遥控类特技小飞机由于有人控制，

可以根据不同机型把机翼上反角设置在 2° ～ 6°，线操纵类小飞机可以不设上反角。

遥控小飞机与线操纵小飞机的上反角

需要说明的是，除少数仿真遥控模型飞机外，小模型飞机的机翼上一般都不会设计下反角。

综上所述，我们可以看到：把机翼位置适当提高和选用合适的上反角是提高小飞机飞行稳定性的好方法。

小飞机的俯仰稳定性也是需要关注的课题，此处我们不做更多的探讨，有兴趣的读者可以自行查阅相关资料。

这里还要提醒大家：尾力臂的长短，以及水平尾翼和垂直尾翼的面积，也都能够在一定

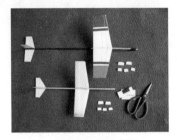

长短尾力臂小飞机

程度上影响小飞机的俯仰稳定性和方向稳定性。

五、盘旋时的受力平衡

近年来，很多活动中出现了绕标小飞机的比赛，这种有趣的飞行方式引起了很多航模爱好者的关注。

因此，稳定的盘旋状态反映的是 横侧、方向以及 俯仰（升降）三种稳定性的共同协调配合。

（一）盘旋飞行状态分析

绕标飞行是指一架小飞机围绕标杆，沿着圆形轨迹进行稳定的盘旋飞行。经过观察分析，我们可以把盘旋分解成以下三种飞行状态。

1. 机身连续进行 360° 的转向。

绕标比赛

2. 机翼保持向着圆心方向有一定角度的倾斜。

3. 大体上保持水平（不掉高度）的盘旋飞行状态。

（二）绕标小飞机的调整要点

首先，在副翼和方向舵的协作下，可以调整机翼倾斜的角度，倾斜角度大，小飞机处于急转弯的小半径盘旋状态；当机翼倾斜角度较小，小飞机就可以在转向不太急的状态下形成大半径盘旋。

这种横侧稳定性和方向稳定性之间的相互影响、密切相关的作用称为交联作用。

其次，在倾斜状态下，要使小飞机保持不掉高度的水平盘旋飞行，必须有水平舵面的帮助。要适当调整水平舵面的上舵（拉杆），这相当于增加机翼的正迎角以增加升力，来补充机翼倾斜时垂直方向的升力损失。

从实际操作的角度来说，无论是要绕标小飞机小半径盘旋还是大半径盘旋，都要以调整副翼为主、方向舵为辅，使小飞机飞行时能够有合适的倾斜角度，再适当调整升降舵面角度（拉杆量）的大小，来实现预期的飞行状态。

（三）绕标小飞机的设计制作要点

1. 为了使小飞机保持倾斜状态，手掷绕标小飞机一般没有上反角，因为有了上反角小飞机会自动恢复直线平飞状态。

2. 绕大圈飞行的小飞机可以稍大、稍重一些。由于它飞大圈的线路更长，途中需要一直保持足够的升力，也会遇到更多的阻力。稍重一点的小飞机可以承载更大的能量，所以出手时的力量可以更大一些，飞行速度能够更快一些，就可以飞出更远的距离。

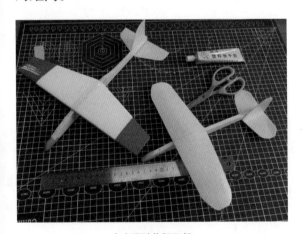

大小两种绕标飞机

3. 减小阻力永远是设计、制作小飞机需要考虑的重要因素。

（四）绕标小飞机的出手姿势

与一般小飞机的出手姿势有些不同，由于绕标小飞机需要盘旋飞行，出手时小飞机就要处于倾斜的飞行状态。

绕标倾斜出手

而且，如果是希望能够绕过较远距离的标杆，在投掷小飞机时应向所绕圆周的切线方向的前方、水平直线方向投出。

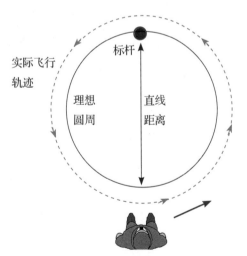

切线方向投出

当然，要与各个舵面配合调整、反复练习才能达到理想状态。

六、重心的位置很重要

要使小飞机能够平稳地在空中飞行，一定是各个位置的受力都能够达到平衡。因此，所有的小飞机在试飞前都需要测试重心位置，并且最好作一个简明的标记。

以调整一架飞直线的小飞机为例。在手投姿势正确的前提下，首先要关注的是，两个机翼的升力要一致才能实现小飞机的水平飞行。两侧机翼升力不一样时，可以调整副翼解决，这体现了横侧平衡的重要性。

其次需要解决的是调整小飞机的俯仰平衡。很多小飞机在水平状态出手后，立即机头上扬，随后出现了波浪式飞行，并且一波到底，这是典型的头轻表现。也有的小飞机水平出手后直接低头冲向地面，这可能就是因为机头偏重。

这是一个纵向稳定的问题，解决的根本办法就是调整小飞机的重心位置。头轻的小飞机需要增加一些配重，简单的配重材料有各种大小的金属垫片、曲别针、各种金属丝等。

如果出现头重的现象也有两种解决方法：一是设法减少机头部位已增加的配重。二是将机头适当缩（切）短一点。

待飞机的飞行姿态基本达到预期状态

时，可以用贴小调整片（薄卡片纸）的方式进行最后的精细调整，直至飞出最佳状态。

配重材料

贴调整片

绕标飞行的小飞机同样需要调整好重心位置，因为保持一定倾侧角度盘旋飞行时，重心位置是否合适（头轻头重）同样会影响到小飞机沿水平轨迹飞行。

总之，调整小飞机是一个需要细心观察、认真分析并找出解决问题方法，并在实践中不断改进提高的过程。

七、制作与实践

（一）手掷直线小飞机

我们首先制作一个套材的手掷直线小飞机。

1. 检查材料是否完整。

2. 先装好翼台。

3. 装好机头和尾翼安装座。

4. 粘好翼台上的双面胶。

5. 粘好平尾和垂尾。

6. 机翼要先弯出一点弧度。

7. 粘好机翼。

8. 检测重心位置。

安装、检查完毕后即可按照前面学过的"44字口诀"来对小飞机进行调整试飞。

如果你没有买到小飞机成品套材，那也没关系。这正是培养和锻炼自己能力的好机会。我们完全可以利用简单易得的材料，来动手发挥自己的创造力。

下面我们制作一种KT板和吹塑纸（PS片或薄卡片纸）为主要材料的简易小飞机。制作和调试的过程，会让你很有成就感。

（二）自制简易绕标小飞机

材料、工具准备

制作机身需要一块平整的 KT 板（可以是使用过的宣传板），制作机翼使用的单面吹塑纸（PS 片或薄卡片纸）须平整，有一点硬度和韧性。

最好能找到 1 毫米的薄木片（或竹帘条）；如果没有专用的橡胶头，也可以用电工绝缘胶带来代替；一些曲别针，作为配重材料；粘接小飞机最好使用泡沫塑料快干胶，或者 5 毫米宽的双面胶带，不能使用 502 快干胶。

用到的基本工具还是小美工刀、安全剪刀、直尺、三角板、铅笔和橡皮。为了不损坏桌面，记得准备一块垫板。

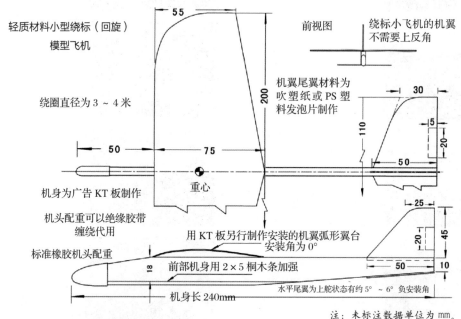

轻质材料小型绕标（回旋）模型飞机

绕圈直径为 3 ~ 4 米

机身为广告 KT 板制作

机头配重可以绝缘胶带缠绕代用

标准橡胶机头配重

前部机身用 2×5 桐木条加强

机身长 240mm

前视图　绕标小飞机的机翼不需要上反角

机翼尾翼材料为吹塑纸或 PS 塑料发泡片制作

用 KT 板另行制作安装的机翼弧形翼台安装角为 0°

水平尾翼为上舵状态有约 5° ~ 6° 负安装角

注：未标注数据单位为 mm。

总结与思考

1. 飞机机翼为什么要有上、中、下单翼之分？机翼位置与飞机重心之间相互有什么影响？

2. 为什么有些飞机的机翼要有上反角，而另一些飞机的机翼要装有下反角？

第七章

阻力小才能飞得好

一架飞机在空中飞行时会遇到空气的阻力，一艘船艇在水中行进时也同样会遇到阻力。而且，由于水的密度大约是空气密度的近800倍，所以水的阻力比空气的阻力大得多。

军用飞机

民用飞机

对于模型飞机而言，减小阻力或者说更大的升阻比则意味着：竞时的模型飞机将可能有更长的留空时间，竞距的模型飞机有更远的飞行距离，竞速的模型飞机能够飞得更快，竞技的模型飞机飞行动作更加顺利、流畅。

舰艇遇到阻力

因此，研究船舶在水中行进时如何减小水的阻力，研究飞机在飞行中如何减小空气的阻力，是流体力学中的重要课题。

对于真正的飞机来说，减小阻力就意味着能够缩短起飞的距离、提高飞行速度，意味着减少动力消耗、节约了燃料、增大了飞行距离，甚至是可以增加任务的载荷。对于军用飞机来说，它的作战效能将会有很大的提升；对于民用飞机来说，会提高经济效益。

流线型飞机

气动阻力都是伴随着飞机的前进运动产生，其阻力方向与运动方向相反。当飞机的运动停止时，各种阻力也会随之消失。

一、摩擦阻力是怎样形成的

在流体（包括气体和液体）运动中，摩擦阻力产生的根本原因在于流体分子间的吸引力，其表现形式就是黏性。任何在流体中运动的物体均会与流体产生黏性摩擦。

空气动力实验表明，摩擦阻力的大小与下列因素有关：

1. 飞行器的飞行速度；

2. 飞行器表面积的大小；

3. 飞行器表面的光洁程度。

解决的办法有两个：

1. 设计飞机时要尽可能减少复杂的外

表面光洁的飞机

形设计，以减小表面积。

2. 制作过程中要将飞机各部分的表面尽可能处理光滑。

Tansuo Hangkong — Feixing Yuanli Tanjiu yu Shiyan   91

二、流线型物体的形状阻力最小

形状阻力简称型阻，又称压差阻力，它的存在依然与流体的黏性有关。

空气动力学实验表明：在高速运动物体的前方，气体会形成一个高压区。气体在流经物体之后将会出现不同形态的涡流，当物体的形状设计不当时，这些涡流将会消耗能量、形成阻力。

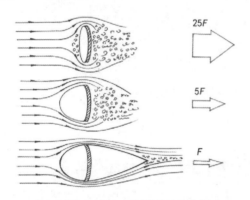

截面积相同、外形不同的物体的流线分析

从上图可以看出，在气流中：平板形状物体前面气流冲击压力最大，而平板后面气流混乱，形成涡流区，造成很大阻力。

半球状物体和球状物体的前半部分气流分离比较平稳，后半部分气流状态有所不同。

再看流线型物体，前面气流平稳分开，绕过流线型最高点后没有形成明显涡流区，能够平顺地流过流线型物体。

什么叫流线型？字典中这样解释：前圆后尖、表面光滑，略像水滴的形状，可称为流线型。具有这种形状的物体在流体中运动时阻力最小，所以汽车、高铁列车、飞机机身以及潜水艇的外形常设计成流线型。

多项测试的结论是，流线型物体的形状阻力最小。

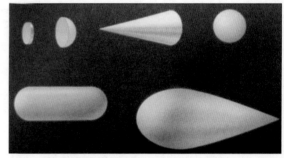

阻力相同的多种形状与截面积大小成正比

运12起落架外罩整形的改进使速度有很大提高

减小形状阻力有两个要点：

1. 飞行器的气动外形及其附件尽可能设计成流线型。

2. 尽可能减小飞行器及各部件的横截面积。

三、翼尖上的涡流

在飞机飞行过程中，由于机翼上下表面的压力差而产生了升力，由此在翼尖引发出来的一种涡流称为诱导阻力。

翼型的上凸下平的特有形状，造成了气流在流经机翼上表面时形成的压力较小，而下表面则处于气流的相对高压区，这种压力差正是我们需要的升力。

但机翼长度毕竟有限，在左、右两侧翼尖的下表面，处于高压区的气流会绕过翼尖翻转流向上表面低压区而形成涡流。在涡流的影响下，上翼面气流又向下发生偏转形成下洗的涡流。

由于这是在产生升力的过程中"诱发"出来的"副产品"，所以称为"诱导阻力"。这个过程既形成了阻力，也消耗了动力。而且，升力越大，诱导阻力也会越大。

飞机进场翼尖涡流

实验研究结果表明：翼尖诱导阻力可能会造成4% ~ 8%的动力损耗。有实例证明，巨型客机的翼尖涡流曾经给后续进场降落的小飞机造成灾难性影响，由此可见其造成空气扰动时，能量损耗之大。

解决对策：首先是设法减小翼尖的升力，其次是设法化解这一阻力，甚至是变害为利。具体方法如下。

两翼尖形成涡流

1. 加大机翼的展弦比，细长的机翼可减小翼尖诱导阻力。

大展弦比的模型滑翔机

2. 机翼要设计制作成梯形或椭圆形，较窄小的梯形翼尖和椭圆形翼尖可以有效地减小翼尖的诱导阻力。

椭圆形及梯形机翼

3. 设计加装减阻的改型翼尖（包括机翼、水平尾翼及垂直尾翼）。

歼 20 垂尾翼尖

4. 加设翼梢小翼。在许多新式民航飞机上翼梢小翼已经成为标准配置。

两种翼梢小翼

四、减小各个部件的相互干扰阻力

实验表明：在飞机的机身、机翼及尾翼等各个部件分别测试的阻力要小于组装成整机后的气动阻力。这说明在飞行中流经各部分的气流会相互干扰，造成阻力增大。

机翼机身圆滑过渡　　　　翼身融合设计

解决对策

1. 飞机（包括模型飞机）在设计时就要考虑到各个部件相对位置的合理安排，以减少飞行中各个部位之间气流的干扰。

2. 在设计和制造飞机（包括模型飞机）时，要在各个部分的交接位置进行圆滑过渡的处理，以减小干扰阻力的形成。

在一些现代高速飞机的设计上，采取了翼身融合体（即机翼与机身融为一体，没有明显的界限）的设计方案。

这样的设计大大增强机翼了的强度和刚性，减小了机翼与机身之间的干扰阻力，同时还增加了机身（机翼）的有效容积。

小结

以上 4 种阻力中，对飞行中的飞机影响最大的是摩擦阻力和形状阻力。

可以用一个公式来计算总阻力

$$D=\frac{1}{2}\rho V^2 SC_d$$

即：总阻力的大小与空气密度、速度的平方、飞行器的横截面积以及飞行器的阻力系数成正比。

由于空气动力学的基本原理相同，以上 4 种阻力无论是大飞机的设计制造，还是在模型飞机设计和制作时都应得到注意。

还有一种在低速的模型飞机不会遇到的阻力——激波阻力，这将在后面介绍。

五、制作流线型滑翔机

活动一

制作（套材）初级牵引模型滑翔机

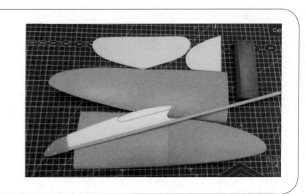

准备工作

材料准备：KT 板成形的初级牵引模型滑翔机套材一套。

工具准备：剪刀、直尺、双面胶带、透明胶带。

制作过程

1. 装配机翼

我们这次使用的是一副 KT 板成形的泡沫塑料机翼。

（1）拿出机翼材料后，将左右机翼中间连接面用砂纸板磨平整，以保证粘接面连接紧密。在对接面上涂一层薄薄的泡沫塑料快干胶。

晾置 1 ~ 2 分钟后，准确地在将左右两翼粘对正接在一起。注意：机翼下表面的凹槽要对直，左右的前缘、后缘要分别对平。

左右机翼连接面用
砂纸板磨平整

粘接时机翼凹槽对正，
准备加强

（2）机翼的加强。为了使机翼中段的连接强度更高，减少机翼弯曲变形，在机翼下表面的凹槽中，要用泡沫塑料快干胶粘一支直径约 2 毫米的小炭棍或玻璃钢棍（或至少要粘一支直径 3 毫米的小竹棍加强）。

（3）机翼完成对接后，可以在中缝处用30～40毫米宽的透明胶带缠绕两圈加强，以使机翼连接更加牢固。

凹槽内粘碳棍并用胶带加固　　用小胶带粘牢两翼中间接缝

2. 装配机身

（1）将机头用泡沫塑料快干胶粘接在机身上。

（2）粘接左右翼台辅助加强片。

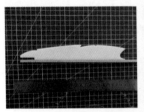

（3）为了更加牢固，还可用透明胶带把机头和机身绕两圈粘贴加强。

3. 总装配

（1）将水平尾翼及垂直尾翼安装在机身尾部。注意：垂直尾翼一定要与机身侧面相互平行，并与水平尾翼相互垂直。

粘接平尾和垂尾

（2）翼台上涂胶，粘接机翼。

4. 检查与调整

模型飞机做好不能急于去放飞，一定要经过认真检查和基本调整。

（1）检查各个部分是否安装到位，达到"横平竖直、左右对称"的标准。检查各个部分是否粘接牢固。

（2）初步检查重心位置（重心位置大约应在机翼翼弦的55%左右），若头轻，应加配重材料进行调整。

机头配重

5. 试飞

（1）手掷滑翔试飞

应选择无风或小风天气，并在较大的空地或草坪上进行手掷滑翔试飞。手掷滑翔试飞时，手持机身重心稍后的位置，将模型飞机举到身体一侧比头稍高一些，机头略向下，把模型向前水平推出，出手的速度应与模型正常的滑翔速度相近。

手掷滑翔机试飞

助手准备牵引放飞

牵引人员准备起飞

只有水平状态出手才能判断小飞机的重心是否合适！而且要多掷几次，确定手掷的姿势和状态正确，再判断小飞机是头轻还是头重。然后用增、减配重（金属垫片）的方法调好重心位置，使小飞机能够达到最佳的滑翔状态。

（2）牵引试飞

a. 基本方法：放飞前，负责牵引的人员要请一位助手帮助拿好飞机，并把牵引线有小旗的一端挂在模型的牵引钩上，然后迎风放开牵引线（首次试飞可以不用放开全部牵引线）。助手应手持模型重心，将模型举过头顶，机头应正对风向并向上仰起30°～40°，机翼要左右摆平，准备完毕后应举手示意。

牵引人员确认一切准备无误后即可发出起飞的指令。

b. 牵引过程和脱钩：起飞时，牵引人

员要把线适当拉直，但不能绷得过紧。当发出起飞的指令后，两人应同时向前跑动。当助手感到小飞机已有上升的趋势时，只要自然松手、轻轻上推，小飞机即可升空。牵引人员尤其注意不能低头猛跑，而要边跑边回望模型是否能够正常上升，同时要感受手中的牵引线张力大小。

如果跑动速度太快，牵引线张力过大，会使机翼折断，此时要适当减速。跑动速度过慢，会使牵引线松弛而导致模型提前脱钩。

牵引小飞机的速度要根据风力的大小确定，风大时要慢点跑，风小时要稍稍加速。

随时注意模型上升的方向是否有偏斜，如发现方向稍有偏斜，要立即降低跑动速度，以减小牵引线的张力，待模型的上升又转回正确方向后再继续牵引。

当模型上升到接近头顶时，不要急于脱钩，要跟着模型走几步。等模型速度减慢进入水平正常滑翔时，把手臂上扬，使牵引线与模型脱钩。此时的小飞机便能够平稳地转入滑翔飞行。对于初级牵引模型来说，滑翔半径不宜太小，一般为 15 ~ 20 米。

活动二 KT 板自制牵引模型滑翔机

如果没有买到成品套材，读者也可以利用手边的材料自己制作一架相同的模型滑翔机。

这架小牵引滑翔机制作难度不大，机翼和前机身上部都是用 KT 板制成，下机身需要一支 5 毫米 ×5 毫米的桐木（松木）条，平尾和垂尾可以用 1 毫米桐木片、较硬的吹塑纸、PS 发泡片，或用有一定硬度的卡片纸制作。

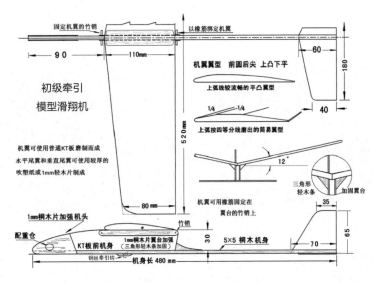

如果认真进行了前面内容的学习，就一定能够想办法克服困难，找到各种适合的材料制作好这架小飞机。

第八章
从竹蜻蜓到直升机

一、莱特兄弟的生日礼物

莱特兄弟和他们的飞机

世界上第一架有人驾驶依靠自身动力起飞并且装有固定机翼的飞机，是由美国的莱特兄弟设计制造的，并在 1903 年 12 月 17 日驾驶它飞上蓝天。

莱特兄弟从少年时期起，就十分喜爱各种新奇有趣的科学玩具，而他们最感兴趣的却是父亲送给他们的一件生日礼物——"中国陀螺"。兄弟二人对这件礼物爱不释手，也正是这件会飞的小玩具激发了他们探索飞行奥秘的决心。

其实，这个"中国陀螺"就是中国古代发明家所创造出的竹蜻蜓。

竹蜻蜓的结构十分简单，它由旋转叶（又称旋翼）和转动轴两部分组成。在放飞时只要用双手搓转动轴，旋翼就会产生向上的拉力，使竹蜻蜓飞向空中。在上升的同时转动轴还会起到平衡和稳定的作用，所以转动轴又可以称为平衡杆。

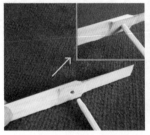

竹蜻蜓的分合图片

手搓竹蜻蜓

竹蜻蜓虽说仅是这件会飞的小玩具的一个"绰号"，但也确实是一个很形象、贴切的名称。它反映出人们对飞行的向往，对自然界中蜻蜓的关注和羡慕。

实际上，人类的飞行之梦也的确是从许多动物（包括鸟类和昆虫）的飞行中受到启发开始的。以蜻蜓为例，它飞行的速度虽然不是最快，却很有特点。我们可以看到，在飞行中蜻蜓忽而上升、忽而下降、忽而前进、忽而后退、忽而向左、忽而向右，在空中悬停不动更是它的拿手好戏。

蜻蜓的这些飞行特点早就引起了早期航空探索者的注意。

二、直升机发展简史

竹蜻蜓的准确出现时间已经难以考证。不过目前世界各国公认，是聪明的中国劳动人民最早创造出了这种能够初步模仿蜻蜓行动的玩具，它的发明又引发了世界上许多国家的早期航空科学的探索热情。

1483 年，意大利伟大的艺术家、科学家、工程师列奥纳多·达·芬奇描绘出自己对于直升机的设想草图，但这张图纸并没有引起人们的重视。

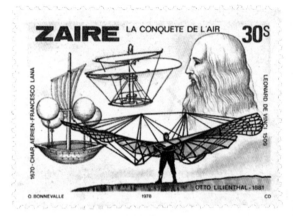

达·芬奇和直升机

达·芬奇的直升机设想图

此后的 200 年中，包括俄罗斯的罗蒙诺索夫、英国的乔治·凯利等一批科学家都曾经对直升机进行过探索。但是由于人们对于直升机的整体工作特点还没有深入的了解，同时世界上也没有发明出合适的动力，因此

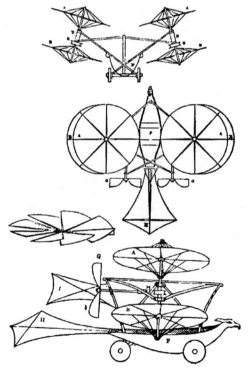

乔治·凯利绘制的有 4 个旋翼的垂直飞行器

所有的设计只能停留在设想和图纸上。

俄罗斯"科学之父"——罗蒙诺索夫

1876 年，德国工程师奥托发明四冲程内燃机，它的出现为飞行器的升空带来了巨大的希望。1903 年，莱特兄弟首次实现了带有内燃机动力的自主可控飞行。但是，直升机的飞行远比当时的固定翼飞机遇到的困难要多很多。

又经过了 30 多年的艰难探究，飞机设计师们终于一步一步对于直升机的旋翼工作状态、旋翼与动力轴的连接方式、机身的力距平衡、直升机的操控模式等一系列问题有了明确的认识，并经过反复实验逐渐完善了各系统的设计——直升机的前景一片光明。

1936 年，著名的德国设计师福克设计出了第一架可以操控升空的双旋翼直升机，留空时间达到 28 秒。

福克设计的直升机

世界公认获得这个项目发明成功的人是现代直升机之父——美国航空设计师西科斯基。在前人的基础上，西科尔斯基在 1939 年设计出了世界上第一架真正具有实用价值的直升机。第二年他又自主操控完成垂直上升、下降、前进、后退、左右侧飞、左右大坡度盘旋等一系列动作。

西科尔斯基的 VS-300 是一种单旋翼带尾桨形式的直升机。它的成功使得直升机的研究获得了重大突破。

西科斯基和直升机

三、直升机的几种类型

经过多年的研究，航空科研人员设计出了多种直升机，除了各种单旋翼（带尾桨）直升机外，还有共轴双旋翼直升机，有并列

单旋翼＋尾桨布局

纵列双旋翼布局

并列双旋翼布局

交叉双旋翼布局

共轴双旋翼布局

双旋翼直升机，还有纵列双旋翼直升机……直升机的飞行速度，最快可以达到360千米/时，世界上最大的直升机可以载重20吨以上。

不同类型的直升机各有特点。例如，单旋翼＋尾桨布局形式的直升机，结构相对比较简单，主旋翼的工作效率较高。但是为了抗衡主旋翼旋转时产生的扭力，它必须分出一部分动力带动尾桨旋转，形成抗扭的推（拉）力，这样就会造成总体动力的损耗。

单旋翼＋尾桨布局直升机

由于单旋翼＋尾桨布局形式的直升机设计理论和制造技术都比较成熟，所以目前世界上绝大多数的直升机还是采取了这种形式。

共轴双桨的直升机以对转的双层桨叶抵消了反扭的作用力，取消了尾桨。它具有能够充分发挥发动机的功率，且旋翼的直径较

小的优点，但是也造成了转动机构复杂及控制技术难度较大等一系列问题。

目前仅有俄罗斯的"卡"系列直升机和部分小型无人直升机采用了共轴双桨的形式。

"卡"系列直升机

纵列双桨的直升机也有很多优点，对转的双旋翼无须再另外解决反扭力的问题，使用时允许重心的位置变化较大等。但是由于设计、制造技术难度较大等原因，目前仅有美国的波音 CH-47 机型投入使用。

纵列双旋翼直升机

我们知道，与固定翼飞机相比，直升机有许多特殊优点，如起降场地小、不需要特设场地、可以悬停作业等。

但是直升机也有着固有的缺点，由于没有固定机翼的升力，直升机的升空和飞行完全是依靠发动机的动力和旋翼的拉力来完成。因此，直升机的耗油量较大、航程较短、速度较慢，而且相对而言，它的载重量远不如固定翼的大型运输机。

直升机与固定翼运输机的载重量相差很大

多年来，航空设计师和工程师们一直在研究一种既能像直升机一样短距或垂直起降，又可以像固定翼飞机一样高速飞行的飞行器。近年来最为成功的设计就是带有动力转向装置的 V-22 双旋翼多用途倾转旋翼机。

V-22 "鱼鹰"

四、直升机的用途

　　直升机是一个综合技术十分复杂的飞行器，目前世界上仅有美国、俄罗斯、英国、法国、中国、德国、意大利等航空技术比较发达的国家才能够独立设计和制造直升机。

　　直升机的用途广泛，各国的设计师们已经为各种不同的用途设计了专用的直升机——武装直升机、救护直升机、灭火直升机、预警直升机、大型运货直升机、轻型侦察直升机等。

多种用途直升机

五、直升机的运动

当停在地面的直升机主旋翼在以一定速度旋转时，机身上方旋翼形成了一个能够产生拉力（升力）的圆盘。我们设定这个圆盘与地面平行，此时的旋翼升力之和所形成的拉力线将会垂直于地面。

当这个旋翼圆盘所产生的拉力等于或稍大于直升机的重力时，就能够使直升机垂直离地升空，甚至在一定高度悬停。

当驾驶员加大油门，拉力大于重力时直升机就会上升。当驾驶员收小油门，拉力小于重力时直升机就会下降。

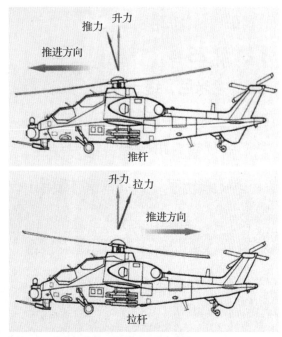

直升机的拉力线变化以及相应的运动方向

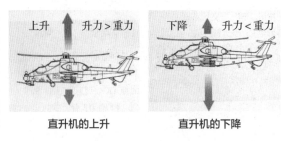

直升机的上升　　　　直升机的下降

而这个旋翼圆盘在驾驶员的操控下向前方倾斜时，它所形成的拉力线也会向前方倾斜，此时的总升力就会出现一个向前方的分力，直升机就会向前方运动（飞行）。同样道理，在驾驶员的操控之下直升机也可以向后退、向左平移和向右平移。

单旋翼直升机的转向是由控制主旋翼反

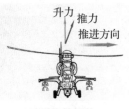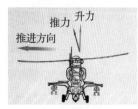

直升机的前进　　　　直升机的后退
以驾驶员的角度直升机左飞　以驾驶员的角度直升机右飞

扭的尾桨推（拉）力来控制的。

当尾桨推（拉）动后机身向左转动时，机头自然会向右转向。当尾桨推（拉）动后机身向右转动时，机头自然会向左转向。

六、人类要向大自然学习

与蜻蜓及许多昆虫和鸟类相比，人类还有许多自叹不如之处……

自然界中真正蜻蜓的飞行，完全不同于人类所制造出的直升机和大飞机。它在空中是靠两对薄薄的翅膀急速振动而飞行的（许多昆虫都是如此）。蜻蜓可以在空中悬停不动，可是当人靠近时，它又会突然迅速地飞走，其飞行的灵活程度让我们发明的直升机望尘莫及。

一只蜻蜓重约 2.5 克，但它的两对翅膀

海豚

潜艇

仅为 0.005 克，占整个体重的 1/500。而这翅膀却有足够的强度和刚性使其每秒能振动 20 ~ 40 次，这是我们目前制造飞机机翼的材料和所设计机翼的结构强度完全不可能达到的。

蜻蜓的体长一般为 7 ~ 8 厘米，而它的飞行速度却可以达到 20 米 / 秒，按比例计算，蜻蜓每秒的飞行距离可以达到其身体长度的 250 ~ 280 倍。如果按这个比例，请计算一下，人类制造的飞得最快的战斗机机身长约 20 ~ 30 米，它的飞行速度应该是多少呢？是 5000 米 / 秒以上！而我们制造的最快的飞机（不包括特殊试验飞机），从比例上才仅达到这一速度的 1/5（900 ~ 1000 米 / 秒）。

另外，人们从蜻蜓和许多其他生物（包括动物和植物）身上，受到了很多的启发。

例如，蜻蜓和许多昆虫的眼睛，叫作复眼。模仿复眼的工作原理，人们制造出了新型的照像机，以及大规模的集成电路。

人们从苍蝇能够稳定飞行的原理中得到启示，从而研制出一种精度高、体积小的振动陀螺仪，它可是火箭、飞机和轮船稳定航行的重要仪器！

人们在探索鲨鱼和海豚在海水中高速游动的秘密时，发现它们的身体表面附有一层弹性极好的"皮肤"，于是人们又模仿它们为潜艇表面也粘上了一层弹性材料，结果显示潜艇的水下航速有了明显的提高。

诸如此类的事还有许多，于是科学家们就专门创建了一门学科——仿生学，用以研究人们从自然界中的各种生物身上发现的各种有趣的现象，探索其原理并且研究和应用，从而造福人类。

七、制造一个小小的"竹蜻蜓"

（一）准备工作

1. 材料准备

旋翼材料：宽18毫米、厚5毫米、长160毫米的竹片（或木片）一片（可标为5×18×160的竹片或木片）。

平衡杆材料：直径5毫米（可稍大于5毫米）、长度160毫米的竹棍1根（φ5×160毫米竹棍），可用相应长度的直的筷子代替。

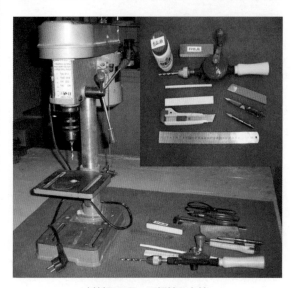

材料和工具，手摇钻和台钻

2. 工具准备

铅笔、尺子、小刀、钻孔器（最好用台钻）、4.5毫米直径钻头一支、乳胶、木锉及砂纸等。

（二）制作过程

1. 画线。按照下图所示，在竹（木）片上分别画出横、竖两条中线，找出中心点，并画出翼型加工区。

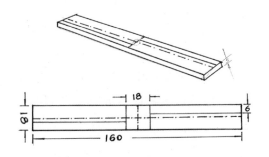

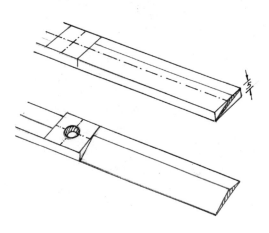

竹片画线

2. 打孔。用钻头或（钻孔器）在中心点钻一个直径5毫米的中心孔。

为保证垂直度，打孔最好用小型台钻。如果用手摇钻或用其他钻孔方法时，要注意尽可能打准（在中心点）、打正（保证垂直度）。如果打孔不准或不正，制成的竹蜻蜓在飞行时会产生摇摆的状况，打孔直径应比竹筷子的直径稍小一些，以保证插接紧密、粘接牢固。

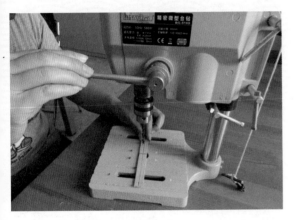

用台钻打孔

3. 准确削出翼型和角度。竹蜻蜓能否飞得好，这个步骤十分重要。

按照图上所画将多余部分削掉，将竹（木）片削成机翼的剖面形状。

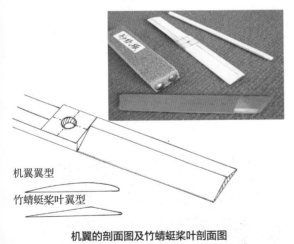

机翼翼型

竹蜻蜓桨叶翼型

机翼的剖面图及竹蜻蜓桨叶剖面图

在这里我们可以看到，竹蜻蜓的桨叶实质上就是一个旋翼，在旋转时会产生向上的升力。

4. 装配粘接与检验。在正式粘接前应先试装一次，最好是转动轴稍粗一点，经稍稍磨削以后能紧密配合地插入桨叶的中心孔。如试装合适，就可以在转动轴的插入端涂一圈乳胶，再重新插入中心孔。

涂胶

5. 慢慢转动竹蜻蜓，仔细调整角度，保证转动轴与桨叶的旋转平面保持垂直。待一切检查无误后即可放置，等待胶干。

（三）调整与试验

试飞和游戏时首先应注意安全，既不要碰到自己，也不能碰到其他人。因此，放飞时要离人群稍远一些，用双手搓动转动轴时手臂要伸直一些，远离自己的头部。

放飞时只要用手用力搓转动轴，并适时松手，竹蜻蜓就会向上飞去。在搓动时，转动轴如果与地面垂直，竹蜻蜓就会垂直向上

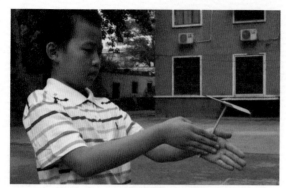

远离头部

飞。如果转动轴向前倾斜一个角度，竹蜻蜓将会向前飞去，如果向左、右两侧倾斜，竹蜻蜓也会分别飞向左、右两侧。

由前面的内容我们知道：实际上真正直升机的前、后、左、右飞行也都是由于桨叶旋转形成的拉力线向各个方向偏转所造成的。

竹蜻蜓可调整的地方不多，如果它在上升过程中摇摆严重，很可能是平衡杆与旋翼的旋转平面不垂直所致，应及时调整。还有一种可能是，两侧的旋翼角度、长度或重量不一致造成摇摆，也应及时修正过来。

（四）游戏与比赛

1. 比赛飞行高度：在小场地上，几个竹蜻蜓可以同时放飞，看谁的竹蜻蜓飞得最高。

2. 比赛飞行距离：画一条起飞线，看谁的竹蜻蜓飞得最远。也可以画一个小的圆圈或方形场地，作飞回"机场"的比赛。

3. 比赛飞行时间：如果能找到一个计时器就可以比赛一下，从竹蜻蜓离手到落地，看哪一个竹蜻蜓飞行时间长。

（五）简易（套材）模型直升机制作

中天模型直升机

中天模型直升机是一种制作简单但飞行效果很好的模型直升机。制作这架小模型基本上可以不使用其他工具和材料，如果组装调整得好，它能够飞到五层楼的高度。

制作过程

1. 安装机头及尾钩（注意方向）。

2. 插好旋翼叶片。

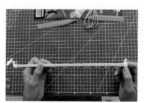 

3. 系好橡筋，要不松不紧地挂在橡筋勾上（大约三圈）。

4. 粘接好印有小直升机外形的泡沫塑料片（实际上起到阻挡机身反转的作用）。

检查无误后即可外出试飞，一定要注意安全！

按照我们的试飞习惯，应该是先小动力试飞，大约要绕80～100转。如初步试飞正常，就可以逐步加大橡筋转数。按照说明大约可绕至200转左右、飞到比较理想的高度。

总结与思考

1. 有些现代直升机尾部有一个小螺旋桨，它的作用是什么？

2. 请列举现代直机的几种形式。

3. 为什么直升机既可以向前飞又可以向左、向右横飞，甚至可以向后倒退飞？

4. 真实的直升机产生升力的部件为什么叫旋翼？

第九章
飞行的动力

一、飞行的前期探索

人类早期的飞行梦想

自古以来，人类一直希望能够像鸟儿一样自由自在地在天空中飞翔。中外各国的历史和文化中都记载了大量关于飞行的神话和传说。其中，飞人、飞马、飞车、飞毯，以及各路神仙脚踏祥云飞来飞去的神话故事比比皆是，但这些也只是人类美好的想象。

早期的科学探索者十分关注鸟类的飞行。包括意大利著名的艺术家、科学家和工程师达·芬奇在内的一批航空先驱们曾经对鸟的飞行写出了许多论述。直至17—18世纪，还有一些大胆的实践家，他们为自己装上一副人造的翅膀，去模仿鸟类的扑翼飞行动作。

他们期望能够依赖人的本身体力，去实现飞行之梦。但是收获的大都是惨痛的教训。

17世纪以来，随着物理学、生物学等各个学科的不断发展，人们对于人体的生理结构、自身体能和鸟类的扑翼飞行都有了进一步的认识。

科学家们指出：人的生理结构与鸟类大不相同。与鸟类相比，人类经过长期进化已经适于直立行走，所以我们的胸部和上肢肌肉不够发达。人类的心脏仅占体重的0.5%，而鸟类的心脏可占其体重的6% ~ 10%，甚至更高。这说明与鸟类相比，人类心脏的供血、供氧功能不够强大。而且，人类的骨骼又太重了。

然而要想离开地面飞上天空，人类首先必须克服地球的引力。那么如何才能获得"升举"之力呢？研究者们逐步将目光从模仿鸟类的"扑翼"飞行转向了类似于"固定翼"的中国风筝。

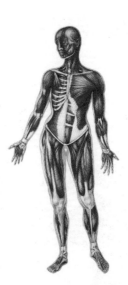

人体骨骼和肌肉

中国风筝

有文字记载大约在公元前 200 年中国人就发明了风筝，约在 14 世纪传入西方。在世界航空史上，公认中国风筝是第一个人造飞行器。它的发明对于早期的航空研究曾起到了重要作用。

真正把风筝作为飞行器来研究是在 19 世纪初。英国科学家凯利在 1804 年利用风筝，对固定式机翼的升力和各个翼面的控制原理进行了初步的研究。他创立了"机械飞行"即"飞机"这一概念。

在凯利的重要论文"论空中航行"一文中明确指出：机械飞行的全部问题是给一块平板提供动力，使之在空气中产生升力并支持一定的重量。而风筝正是这样一块能够产生升力的平板。

19 世纪中期，俄国航空发明家莫扎伊斯基制作了一个超大型风筝。放飞时，由三匹骏马拉的马车牵引着这个巨大的风筝，下面还挂载着一位探险家，升上了天空。

巨大的风筝

其实，航空学家们也都认为，拴着绳索的风筝并不是真正的自由飞翔。那么除去牵引绳的风筝又该依靠什么动力升空呢？这个问题一直困扰着世界各国的航空发明家们。

二、真正的飞行需要动力

（一）蒸汽机的诞生

18 世纪后期，第一台能够实用的蒸汽机在英国诞生。这一伟大发明开创了人类利用热能为机械提供推动力的手段，它的出现推动了工业革命的进程。

当时的纺织业、采矿业、冶金业、造纸业、陶瓷业等工业部门，都纷纷发展使用蒸汽机作为动力。

1801 年，英国发明家特里维希克制造了一辆使用蒸汽机为动力的四轮篷车。

早期的火车

1807 年，美国工程师富尔把瓦特的蒸汽机装在轮船上。

1814 年，英国工程师史蒂芬把瓦特的蒸汽机装在火车上。

蒸汽机的问世，同样为航空发明家们带来了极大的希望。1842 年，英国发明家汉森申请了世界上第一个以蒸汽机为动力的飞机设计专利，这在世界航空史上具有开创性的意义。这个专利设计虽然未能真正实施，但是给发明家们提供了一个动力创新的思路。

1884 年，俄国海军军官莫扎伊斯基曾经使用两台小型蒸汽机作为他的小型飞机的动力，但仅仅能借助滑轨向前跳跃几十米远。

俄国人莫扎伊斯基试飞他自己设计的蒸汽动力单翼机。

莫扎伊斯基的蒸汽机飞机

究其原因，还是动力不足。蒸汽机是一种"外燃机"，它的燃料（煤、柴油、天然气）是在汽缸之外燃烧，需要通过对锅炉中的水（工质）不断加热，产生蒸汽去推动活塞工作。因此，早期的蒸汽机的效率很低，燃料的热能仅有 5 % 左右得到利用，而其余 95 % 能量都随着滚滚浓烟消散在空气中。

蒸汽机的体积又十分庞大，它所能够产生的动力（功率）与它的质量相比（也就是功重比），实在是太可怜了。这样的机器在体型庞大的轮船和火车上还可以使用，但是对于必须"斤斤计较"的飞机而言，蒸汽机确实是过于笨重了。

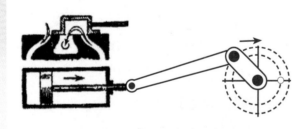

蒸汽机原理

航空的先驱者们期待着动力更加强劲、"身材"和"体重"都更加轻巧的新型动力的诞生。

18 世纪以来，以伏特、安培、欧姆为代表的一批欧美国家的科学家逐步对"电"有了最早的认识和了解，他们建立了一系列有关电压、电流、电阻、电量的概念，而且深入地研究和发现了这些概念之间的相互联系。

1831 年，英国科学家法拉第发现了电磁感应定律，并制造出了实验型的电动机——这同样是一个划时代的伟大发明。

法拉第

在此后的数十年里，一些欧美国家的物理学家和电力工程师研制出了多种不同的发电机和电动机。也有人曾经试着把电动机装在飞艇上。但在当时，科学家们对于电机和电能储存的研究还是在初期阶段，他们可能还想象不到使用电机作为航空动力需要走的路还很长、很远。

（二）航空动力的曙光

19 世纪中期，科学家们通过长期探索，对于通过燃烧煤气、汽油、煤油和柴油等燃料产生热能，并使热能转化为机械动力的理论有了一定的理解。这为内燃机的发明奠定了基础。

1876 年终于迎来了航空动力的曙光，德国工程师奥托在几位机械动力发明家研究成果的基础上，经过改进制成了第一台按照四冲程原理工作的内燃机，称为奥托循环机。这是一台以煤气为燃料、往复活塞运动的单缸卧式内燃机。功率仅为 3.2 千瓦（约 4.4 马力）。但是由于携带并使用煤气作为燃料毕竟体积太大，还是很不方便。

1883 年，德国工程师戴姆勒经过不断研究和改进，研制出使用能量密度比更高的汽油为燃料的实用型四冲程汽油发动机。

由于在工作时，它将使用的燃料与空气混合后以雾状喷入发动机的汽缸内部燃烧爆炸，并直接推动活塞运动而转换为动力。因此，这种发动机又称为内燃机。可以说，内燃机的诞生是机械动力工程划时代的进步。

相对蒸汽机而言，内燃机的体积更为小巧。在汽缸内部的燃烧使它的热能效率有了很大的提高，因此它的功重比也大大高于笨重的蒸汽机。同时，它使用的燃料（汽油）所产生的热值很高，而且体积小、携带又十分方便。因此内燃机一经问世，立即就成为了航空发明家们最为关注的动力。

在 19 世纪末 20 世纪初期的众多航空发明家中，美国的莱特兄弟无疑是最为幸运的。在总结前人经验教训之后，莱特兄弟已经非常清楚"动力"对于"飞行"的重要意义。因此，在设计、制造自己飞机的同时，兄弟

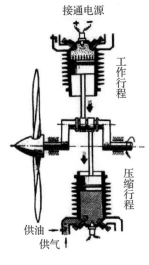

内燃机工作原理

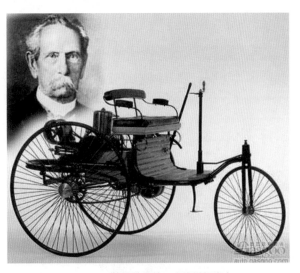

戴姆勒和第一台内燃机汽车

二人还在机械师查尔斯·泰勒的帮助下，成功地制造了一台功率仅为12马力、质量为77.2千克的活塞式汽油发动机。应该说，这台发动机是莱特兄弟当时所能选用的最适合的内燃机，它为"飞行者"1号的试飞成功提供了保证。

莱特兄弟的内燃机

1903年12月17日，莱特兄弟的"飞行者"1号终于完成了首次成功的自主飞行，翻开了人类飞行史上的新篇章。

莱特兄弟的"飞行者"1号首次飞行

（三）航空动力的飞速发展

1908年8月，莱特兄弟带着自己的新飞机来到法国进行了"欧洲之行"的首次飞行，这次成功的表演震惊了法国人。随后，莱特兄弟又携带着自己的飞机到德国和意大利等国家巡回表演，同样在欧洲各国引起了巨大的轰动。

欧洲早期的航展

公众不仅对于"飞机"这一新奇的事物表现出极大的兴趣，同时也激发了人们对于航空事业的热爱。欧洲许多国家的航空工程师们受到启发和鼓励，也都积极努力投入到了新型飞行器的研制，又陆续设计出了多种性能更好的新机型。

1909年7月，法国的飞行家布莱里奥驾驶着自己设计的常规布局单翼机成功地飞越了英吉利海峡。设计师们充分认识到，新型大功率航空发动机的研制，将对今后各种新型飞机的发展起到决定性的作用。

布莱里奥和他的飞机

从莱特兄弟的首次飞行开始至 1913 年的十年间，英、法、德、美等国家的工程师们设计、制造了约 70 种飞机，它们分别安装了 30 多个品种的活塞式内燃机。这些发动机的功率由 22 千瓦（约 30 马力）提高到 96 千瓦（约 130 马力）。

让我们了解一个功率的概念：1 马力 =75 千克 / 米 / 秒。也就是说：用 1 秒钟的时间把质量为 75 千克的物体，提升 1 米高度的功率为 1 马力。

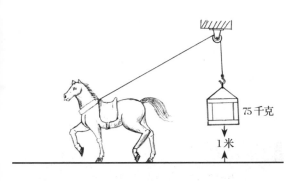
75 千克

1 米

马力示意图

1 马力 =0.735 千瓦，换算一下即可得知：1 千瓦 ≈ 1.36 马力 ≈ 98 千克 / 米 / 秒。

了解这一概念之后，我们就可以大致了解到一台大功率发动机对每一架飞机的重要意义。

莱特兄弟的飞机首飞之后仅 11 年，第一次世界大战爆发了。实际上，战争对于航空工业技术提出了更高的要求。一方面要研制速度更快、作战能力更强的各种战斗机和轰炸机；同时也需要与这些飞机配套，设计和制造出动力更加强劲的发动机。

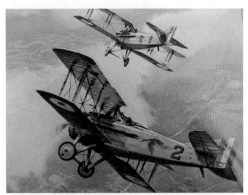

一战中的飞机

经过第一次世界大战的洗礼，航空工业得到了快速发展，各项航空科技水平也有了很大提高。一战末期战斗机的飞行时速已经达到了 220 千米，飞机的飞行高度已达到 6000 米以上，大型飞机的航程也已经达到 700 ~ 800 千米。当时单台发动机的最大功率也已经达到了 280 ~ 500 马力，而且发展出了直列液冷、V 形液冷、星形气冷、星形转缸等多种性能良好的活塞式发动机。

V 形和星形发动机

一战之后，世界各国并没有放松对于新飞机的设计和研究。一些国家将战争中制造而战后剩余的大型轰炸机改装为能够送"快递"的货运飞机，同时也有些国家尝试着把大型军用机改装成可以载客的民航机。

早期的货运飞机

早期的民航机

20 世纪 30 年代，世界上出现了一批新型民航机，其中包括美国生产的 DC-3 型运输机和德国生产的容克 -52 运输机。DC-3 型运输机后又改称为 C-47 型运输机。由于它的性能优异，在第二次世界大战以及此后相当长的一段时间内都起到了十分重要的作用。

DC-3 运输机

容克 -52 运输机

（四）活塞式发动机的巅峰时代

　　1939 年爆发的第二次世界大战再次将航空工业推向了战场。世界各国设计制造的各种高性能作战飞机都成为了拼杀作战的先锋。

　　当时最有代表性的优秀飞机有：英国的 "喷火" 战斗机、美国的 P-51 "野马"

"喷火" （上图）和雅克 -3 （下图）

P-51

战斗机，苏联的雅克-3战斗机以及德、日等国生产的一批战斗机。

这些战斗机机动性高、航程远、速度快，最大速度已经达到每小时到650～720千米。这些作战飞机性能优异，除了整机气动性能好之外，它们都装有功率强大的"心脏"——一台性能优秀的发动机。

第二次世界大战后期生产的P-51"野马"战斗机和"喷火"战斗机的发动机功率已经达到了1500～2000马力。这些发动机的功率重量比（功重比）已经很高，发动机的热效率已接近极限，发动机的转速也已经难以提高。

如果进一步加大功率，发动机的功体积和重量都将会急剧增大。而且螺旋桨的桨尖速度已几乎达到了声速，桨叶的效率也将会迅速降低。

大发动机

可以说到了第二次世界大战末期，活塞螺旋桨式发动机已经达到了巅峰，新式的高速飞机急需新型动力的出现！

应该说明的是，活塞式内燃机是人类科技和工业史发展上一项极其伟大的重要发明。虽然作为主要大型军用航空动力内燃机已经不再适用，但是它在一些轻型飞机——包括通用机、教练机以及多种型号的无人机上还在大显身手。

使用活塞发动机的轻型飞机

由于内燃机目前依然是将化石燃料转变为动力需求效率最高的机器，而且还可以使用多种燃料（包括汽油、柴油、重油），

汽车、工程车辆、船舶、拖拉机

因此目前内燃机还广泛地使用在各种不同大小、不同型号的汽车、拖拉机、内燃机车、工程车辆以及各种船舶上。而且，各种内燃机的研究改进和大量使用还会延续很长一段时间。

（五）活塞式发动机曾经是模型飞机的主力

在许多不同类型的小模型飞机上，也都长期使用微型内燃机作为动力。

不过，近年来为了减少噪声和环境污染，也由于使用方便，各种型号的无刷电机逐渐代替了模型飞机上使用的小型内燃机。

使用小型活塞发动机的模型飞机

三、制作与实践

橡筋动力模型飞机是一类以橡筋储存能量的小模型飞机。在绕紧橡筋束的过程中，弹性势能就会储存在这束橡筋之内。在能量释放的过程中，它会带动螺旋桨高速旋转而产生拉力，使小飞机升上天空。

放飞橡筋动力小飞机

实践制作一

橡筋动力模型飞机（套材）

（一）材料和工具准备

一套模型套材、泡沫塑料快干胶、小模型用偏口钳。

套材及工具

（二）制作过程

1. 安装翼台。

2. 安装螺旋桨和尾钩。

3. 安装尾翼翼台。

4. 粘接平尾翼和垂翼。

5. 粘接翼台双面贴纸。

6. 固定尾钩。

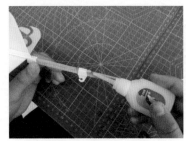

7. 装好橡筋。

8. 大致确定重心位置。

9. 机翼弯出弧形。

10. 机翼粘上翼台。

11. 粘接、固定机翼上反角。

将机翼粘上翼台后加上压片，再用橡筋将机翼稍加固定，一架橡筋动力小飞机就制作完成。

机翼上压片并固定橡筋

机翼绑上橡筋

完成

（三）调整试飞

1. 进行检查

与其他模型飞机相似，首先检查各个部分是否安装到位、角度是否准确、粘接是否牢固。

2. 再次检查重心位置

挂好橡筋后的整机重心大约应在距机翼前缘50%的位置上。为了不再增加小模型飞机的重量，在调整重心时一般不再添加配重，而是要适当地前后移动翼台的位置。

当感到机头较重时，要将翼台稍稍向前移动，使机翼的升力中心前移、机头前部缩短。反之，当感到机头较轻时就要将翼台后移，等于将机头前部加长。

3. 手投试飞验证

这一阶段的试飞与之前的各种滑翔机手投试飞相同。判断重心位置是否正确，必须要经过滑翔试飞检验。头轻时将翼台向后移动，头重时将翼台前移，直至能进入较好的滑翔状态。

4. 小动力试飞

手拨螺旋桨将橡筋顺时针（面对机头看时）转动约100圈（全动力的50%左右）。将小飞机举过头顶，迎风推送出手并观察其上升及滑翔飞行状态，并及时进行调整。

5. 小飞机的上升轨迹

很多小橡筋动力模型飞机在刚刚出手时，由于初期的动力比较强劲会呈直线向上爬升状态。当动力逐步下降后，小飞机无力继续上升就会悬停在空中，然后失速而冲向地面。也有些小飞机在动力强劲时会直接翻一个筋斗，以致完全损失了高度而无法滑翔。

可以看出，这两种情况都不是我们希望的状态。我们希望：橡筋动力模型飞机在出

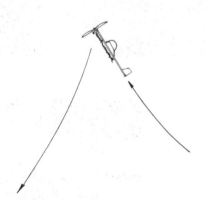

动力不足，小飞机会出现失速后下冲

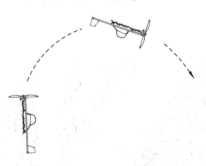

拉翻示意图

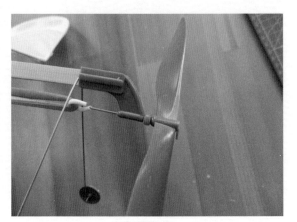

机头的下拉

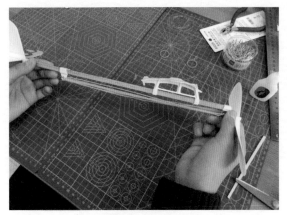

橡筋束松紧适当

手后应是在盘旋状态上升。如果小飞机手投时已经能够正常滑翔，而动力爬升阶段不能进入盘旋状态时，就要仔细地调拉力线（加大右拉、下拉）或调整副翼（加调整片），使它能够向右（或向左）进入盘旋上升状态。

　　一般的模型厂家会把塑料机头制作得带有一定的下拉角，但是右拉角只能是自己根据需要来修整木制机身前端部分的角度。

　　比较理想的状态是，在动力阶段右盘旋上升，螺旋桨停止转动后进入右盘旋滑翔。有些小飞机也可以调整到右盘旋上升、左盘旋滑翔。

　　6. 大动力试飞

　　在小动力试飞的基础上，将橡筋所绕的圈数逐步增加到接近最大容许范围之内，并在最大动力状态下观察和调整小飞机的上升轨迹，直至它达到我们希望的完美状态。

　　总之，橡筋动力模型飞机的调整是一个非常细致的工作，要在认真观察后依据实际状况做出判断，再逐步完成调试工作。

（四）注意事项

　　1. 橡筋束的长度要与机头桨钩和机身尾钩的长度相适应。橡筋束太长（过松）或太短（过紧）都不利于橡筋能量的发挥。

　　2. 橡筋要注意保持清洁。我们的初级小橡筋动力模型飞机一般都会把橡筋挂在机身下面。那么每次飞行后都要注意检查橡筋上是否会粘上尘土或沙粒，如果有的话一定要处理（清洗）干净。要记住：尘土和沙粒可都是割断橡筋的"杀手"！

　　3. 橡筋不能过分疲劳，如有可能应该多准备几束橡筋，每束橡筋使用3～4次后就要替换下来，让每束橡筋都有休息（恢复回弹力）的时间，这样可以更好地发挥它们的储能，延长使用寿命。

4. 橡筋应加点"润滑剂"。橡筋束在洗净晾干后应该滴上 1～2 滴洗发乳作为润滑剂，揉搓均匀后保存好。这样在飞行过程中就可以减小橡筋之间的摩擦，以减小储存能量的摩擦损失。

5. 橡筋的保存：日晒和高温会加速橡筋的老化，因此橡筋最好保存在阴凉、密封的玻璃容器中，但不应使用塑料容器。

实践制作二　自制橡筋动力模型飞机

（一）材料和工具准备

1. 材料

机身材料：1 毫米桐木片或轻木片；

机翼、尾翼材料：吹塑纸或 PS 发泡片；

翼台材料：KT 板；

螺旋桨：成品螺旋桨或自制螺旋桨；

动力橡筋：2 克，最好使用专用橡筋，市售普通橡筋圈储能量较弱。

2. 制作工具

美工刀、小圆尖嘴钳、泡沫塑料快干胶、502 胶、钢板尺、铅笔。

（二）制作过程

请参考图纸，整个过程可参考套材橡筋动力模型飞机制作。

注：由于螺旋桨的设计原理比较复杂，本书中并没有对此进行过多的介绍。我们只需记住，螺旋桨是一个旋转的小机翼，它是动力系统中产生拉力的一个十分重要的部件。

我们可以想象，螺旋桨在旋转时就是一个产生拉力的圆盘，桨叶在旋转时产生拉力的合力会形成一条垂直于圆盘的拉力线。

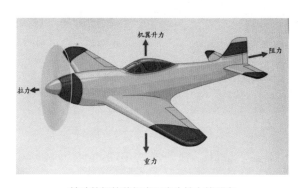

转动的螺旋桨相当于产生拉力的圆盘

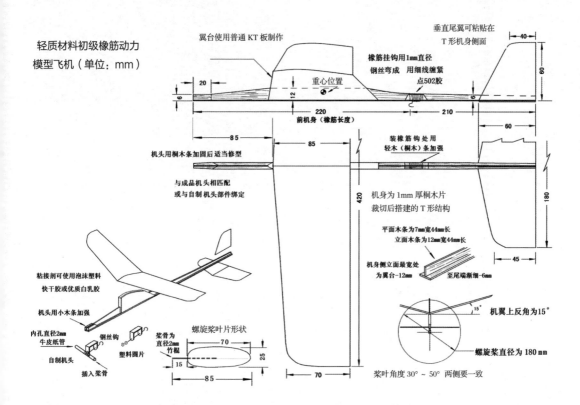

轻质材料初级橡筋动力
模型飞机（单位：mm）

翼台使用普通KT板制作

垂直尾翼可粘贴在
T形机身侧面

橡筋挂钩用1mm直径
钢丝弯成 用细线缠紧
点502胶

重心位置

机头用桐木条加固后适当修型

装橡筋钩处用
轻木（桐木）条加强

前机身（橡筋长度）

与成品机头相匹配
或与自制机头部件绑定

机身为1mm厚桐木片
裁切后搭建的T形结构

平面木条为7mm宽44mm长
立面木条为12mm宽44mm长

机身侧立面最宽处
为翼台-12mm 至尾端渐细-6mm

粘接剂可使用泡沫塑料
快干胶或优质白乳胶

机头用小木条加强

内孔直径2mm
牛皮纸管

钢丝钩

塑料圆片

自制机头

插入桨骨

螺旋桨叶片形状

桨骨为
直径2mm
竹棍

机翼上反角为15°

螺旋桨直径为180mm

桨叶角度30°～50° 两侧要一致

拉力是有方向的，是矢量，调整拉力线的方向对于小飞机的飞行会有重要影响。所以，带有拉力螺旋桨的小飞机一般都会有1°～2°的下拉角和右拉角。

下拉角的作用是，抵消螺旋桨工作（较高速飞行）时机翼升力较大而且翼台较高（阻力中心偏上）所产生的抬头力矩。右拉角的作用是抵消螺旋桨旋转时的高速气流对垂直尾翼冲击所造成的左转力矩。

下拉和右拉，对于螺旋桨设置在机头部位的飞机都适用。

相对而言，这架小飞机的机头、螺旋桨比成品机的制作难度稍大，相信读者会想办法努力完成这项制作。

在我们以前所制作的小飞机中，橡筋动力模型飞机是最难调整的一种。在调整过程中除了需要记住调整常规布局模型飞机的"44字口诀"之外，可能还要根据需要对螺旋桨拉力线的下拉和右拉进行适当调整。

只有认真观察飞行姿态，发现并分析问题，找出解决问题的对策，耐心细心地调整舵面或拉力线，才能达到最理想的飞行效果。

第十章

喷气时代的航空事业

一、喷气动力时代的开始

作用力和反作用力的原理在牛顿的第三定律中有明确的描述。这个定律告诉我们：两个物体相互作用时，会同时出现一对大小相等、方向相反而且作用在同一条直线上的力，这就是作用力和反作用力。

1928 年，年轻的英国发明家惠特尔依据这一原理，萌发了设计一种新型发动机的构想。当时还是军校学员的惠特尔发表了一篇有关喷气推进技术的论文，并提出喷气热力学的基本公式。

此后的十几年中，包括德国、英国、美国、苏联等国的航空科学家和工程师先后开展了对喷气发动机和喷气式飞机的研究。

喷气发动机的简单工作原理是：从发动机前方吸入的空气经压气机压缩并与燃料混合后喷入燃烧室，经剧烈燃烧将化学能量转化为热能，高温气体猛烈膨胀驱动涡轮机带

牛顿

动压气机工作，再以高速通过尾喷管高速向后喷出，以产生反作用推力。

虽然这一个原理很早就被英国航空科学家表述清楚，但是真正在工程技术上实现这一设想却是件非常困难的事。

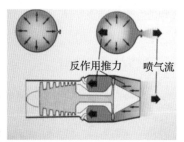

反作用推力　喷气流

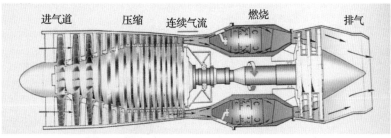

进气道　压缩　连续气流　燃烧　排气

喷气发动机原理图

直至 20 世纪 30 年代后期，德国和英国各自经过多次失败和实验，才先后试制成功能够使用的喷气发动机。

但是装上喷气发动机的飞机并不能马上投入作战。一架新飞机能否成功地投入批量生产，还需要反复的检测、试飞。

直至 1944 年春天，最早一批能够参加实战的喷气式战斗机才真正出现在战场。而且一出场，喷气式飞机就显示出对活塞螺旋桨式飞机在速度上的明显优势。不过，此时的第二次世界大战已经进入末期，一两件新式武器已经挽救不了德国侵略者覆灭的命运。

米格 -9

F-80

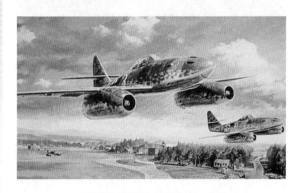

早期喷气战斗机 德国的 Me-262

二战以后，美国和苏联也都积极投入到了新型喷气发动机和飞机的研制。不过早期的喷气式战斗机明显是老式活塞螺旋桨式飞机的改进版——只是改装了喷气发动机的平直翼战斗机。

但是这些喷气式飞机的速度已经从活塞螺旋桨式飞机的 700 千米 / 时急速升至近 900 千米 / 时。单台发动机的推力也已经由 800 千克力（1 千克力 ≈ 9.81 牛）增加到约 1600 千克力。正当航空界的科学家和工程师们信心满满，准备设计出装有加大推力发动机的新飞机、朝着更高速度冲刺时，意想不到的问题发生了。

每当飞行速度接近声速（约 1220 千米 / 时），飞机犹如撞到了一面难以越过的墙，不仅速度难以提高，而且整架飞机发生剧烈颤振，飞行员难以控制。

1946 年 9 月 27 日，英国著名试飞员德·哈维兰在驾驶实验机进行俯冲飞行试图突破声速时，机翼、尾翼发生剧烈抖动，最终造成飞机空中解体、机毁人亡的重大事故。

严重的事故促使航空专家们冷静下来，严肃认真地分析研究事故发生的原因。

二、突破声障

经过超高速风洞的无数次的吹风试验，在高速摄影机的帮助下，通过反复观察、实验、分析，工程师们不断对超声速飞行器研究改进，以及试飞员们忘我献身的的共同努力，终于解开了"声障"之谜。

原来，声音是一种波。飞机在飞行中对空气造成的扰动，是以所在飞行高度空间的声速向四面传播的。当高速飞机的飞行速度接近声速进而跨越声速时，前方原本平静的空气突然受到高速运动机体强力的冲击和扰动。由于来不及避让，这些空气受到猛烈的挤压，连续扰动的声波同样由于来不及传播，已经叠加在一起形成了强力压缩波。

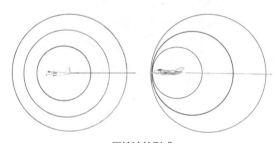

压缩波的形成

这是一层厚度很薄而空气密度极高、压强很大、温度也很高的高压空气层。正是这个被高度压缩的空气层形成了"激波阻力"，也可以称为"声障"，这就是阻挡飞机超越声速的那道"墙"。

科学家们还发现，激波的形成也就是空气被压缩的程度，与飞机的飞行速度和当地（空间高度）的声音传播速度之比有关。因此，航空科学家们给这个比值起了个名字叫作马赫数（Ma）。这是为了纪念为航空科学研究做出过重要贡献的奥地利物理学家马赫而命名。

掌握了声障产生的原因之后，航空科研人员、工程师们以及试飞员们又进行了艰苦的努力，终于获得新的突破。

1947 年 10 月 14 日，美国试飞员耶格尔驾驶一架专门为超声速飞行研究而设计的火箭动力飞机 X-1 首次突破声障，达到声速的 1.015 倍（即 $Ma=1.015$）。

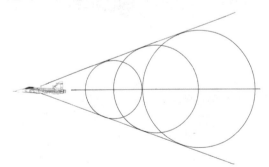

飞机在超声速飞行时冲破声障

这是一个值得载入史册的里程碑。所有

的航空人士都受到极大鼓舞。但是大家也都清醒地认识到，这仅仅是开端。

贝尔 X-1 是一架由轰炸机带到高空投放下来的、平直梯形翼的火箭动力实验机。它仅稍稍跨过了声速，还没有达到实用的程度。

多年前德国科学家曾经对后掠翼有过初步的研究和实践，这些成果给了各国航空科学家们重要的启示。随后的几年中，一批新式亚声速后掠翼战斗机陆续出现在多个国家的试飞场上。其中几种战斗机还经历了又一次战争的考验。

早期德国科学家对后掠翼的研究 Me-163

英国"猎人"

F-86，米格-15

为了更顺利地跨过声速，进而大幅度地超过声速，航空科研人员再接再厉，又经过几年的深入研究和改进，采取了以下措施。

1. 经过风洞实验，研究出了适于超声速飞行的、更薄的多种翼型。

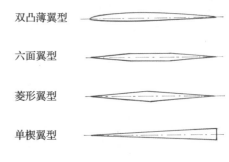

超声速翼型

双凸薄翼型
六面翼型
菱形翼型
单楔翼型

2. 新飞机的设计采用了较大角度的后掠翼或三角翼，后掠的机翼前缘减缓了激波的生成。

后掠翼英国 P-1 和三角翼 B-58

3. 1953 年，航空科研人员研究发现了超声速面积率，在与机翼总体配合设计的情况下，将机身设计成蜂腰形状，飞机将能顺利穿越声障。

4. 采用更强动力的喷气式发动机。

从 20 世纪 50 年代采用了这一系列改进措施之后，新一代超越声障的喷气式战斗机纷纷出现，世界各国设计出一批速度达到 2 倍声速以上（即 $Ma > 2$）的战斗机。

F-102

蜂腰状机身

F-105

"幻影" 2000

F-104

米格-21

瑞典 SAAB-35

英国 F-1"闪电"

有些特殊用途的军用飞机甚至达到声速 3 倍以上（$Ma > 3$）。

美国 X-15

SR-71

三、发动机和飞机的一个重要指标

我们还要介绍一个新概念——推重比。这个专用名词有两种含义，分别表示喷气发动机及喷气式飞机两种性能指标。

的推力，那么这台发动机的推重比就是 10。

显然，推重比为 10 的发动机性能一定更加优秀。

（一）发动机推重比

发动机推重比是指喷气发动机的最大推力与发动机本体重量之比，即发动机的推力 / 重量。例如，一台自身重量为 1000 千克、推力为 6000 千克力的喷气式发动机，它的推重比就是 6。

如果另一台发动机自身重量同样为 1000 千克，但它在工作中却能产生 10000 千克力

（二）飞机的推重比

飞机的推重比即发动机的推力 / 飞机的重量。例如，一架正常飞行重量为 10000 千克的战斗机，如果使用推力为 6000 千克力的发动机，那么这架飞机的推重比为 0.6。

正常情况下，这架飞机可以完成垂直的筋斗、上升倒转、加力盘旋等动作。但是对于持续垂直爬升这样的动作将难以完成。

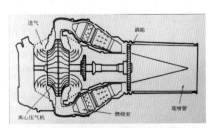

小推重比的涡喷发动机

大推重比的涡扇发动机

垂直爬升的战斗机

F-22

歼 20

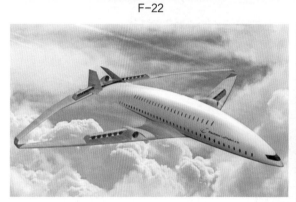

未来新型飞机

如果同样质量的飞机换装推力为 10000 千克力的发动机，这架飞机的推重比将达到 1。也就是说：当发动机的推力等于（甚至大于）整架飞机的重量时，将使它完全可以实现持续垂直爬升，甚至能够完成更多、更为复杂的高难度机动动作。

有些现代战斗机正在计划换装更大推力的发动机，使得整机在空战时的推重比将可能达到 1.1~1.2，再加上矢量推力技术，这将为第四代战斗机实现超机动和超声速巡航提供重要的动力保障。

（三）各种新飞机

航空科学的发展无止境，航空科研人员将面临超高速空气动力学、热障、新型大推力发动机、新型材料、新制造工艺、飞行控制系统、各种信息化技术等新的课题。

整机推重比这一概念在真飞机和模型飞机的设计和飞行中都需要非常重要。在设计制作小模型飞机时，你是否也考虑过使用一个较大动力的发动机（或电动机）来获得更好的飞行性能呢？

四、制作与实践

实践制作一 **微型电动模型飞机制作（套材）**

为了制作方便，我们使用的是一套微型电动纸飞机的驱动组件。这架电动小飞机是由一套微型电动机、带开关的超级电容、连接线、小螺旋桨，以及一个准备制作的纸飞机等组成，为了给电源充电还应有一个充电器。

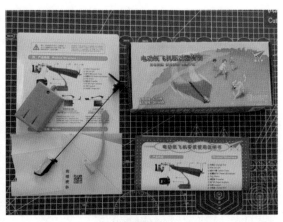

套材特写

电容，顾名思义就是一个存储电能的容器。它质量轻，而且经久耐用、充电方便，可以安全使用很长时间。这套组件中使用的超级电容有 5 法拉、7 法拉和 10 法拉三种。

小飞机是由普通 A4 纸折叠而成的，一旦损坏可以更换。

制作过程

1. 按步骤折叠纸飞机

由于普通的 A4 纸材质较软，因此要求我们在折叠的过程中每一个步骤都要认真对准折点、折线，力求一次到位折好并压平每一条折痕，以保证纸飞机的平整。只有平整的小飞机才好调整。

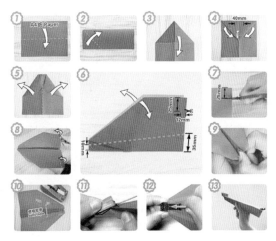

制作步骤

2. 纸飞机的调整

（1）认识飞翼式飞机的舵面

看似平常的纸飞机代表了另一类机型——飞翼。它的独特之处我们在本书第一章中已经做了一些介绍。

由于它没有水平尾翼，因此调整飞翼式小飞机时与常规布局飞机稍有所不同。

与其他常规布局的飞机一样，飞翼布局的飞机也需要升降舵和方向舵，也会有副翼。只不过飞翼布局飞机的升降舵是在机翼的后缘，靠近机身的中部，它的作用依然是"上舵上飞，下舵下飞"。

副翼还是在机翼的外侧。副翼的作用也还是调节两侧机翼的升力"翼面下弯升力大"。调整副翼时也会同时影响到小飞机的转向和盘旋。

垂直尾翼控制方向稳定性，"垂直舵面管方向，左舵左飞，右舵右飞"。只要把各个舵面的位置弄清楚，调整的方法还是相同的。

现在的遥控模型飞翼中，往往将副翼和升降舵合为一体，在遥控器上也独立设置一

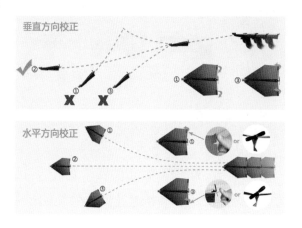

个混控功能，这种设计简化了制作难度，也希望大家思考一下如何调整这一类型的小飞机。

（2）电动纸飞机的放飞

与其他小飞机试飞一样，要找一个较开阔的地方试飞，应远离树木、楼房和道路。性能好的小飞机很容易飞高、飞远甚至丢失。

第一步：手投试飞调整。在不加电的情况下手投试飞，一定要将小飞机调至基本能够正常滑翔状态。

第二步：小动力试飞。小电容的充放电过程很快，按照说明书的规定：大约10秒之后即可充满电。动力工作时间大约为40～60秒（根据电容量大小而不同）。

但是请大家记住：真正有效的动力上升阶段也仅有前面的6～10秒的时间。因此在试飞的最初阶段，只要在开机螺旋桨开始转动后的前2～3秒钟不要放飞小飞机，就可以消耗掉最初、最强的那一部分动力。这样可以使电动纸飞机不至于一下子飞得太高，或因调整不好而摔得太狠。

待小动力飞行调整得比较好之后，再进行大动力试飞。

飞翼式小飞机的调整与常规布局小飞机有所不同。只要耐心细致、循序渐进地去调，就能够飞出较好的成绩。

我们可以利用同样的电容动力组件，制作一架常规布局的轻质材料小模型飞机。请看下面的图纸（单位：mm）。

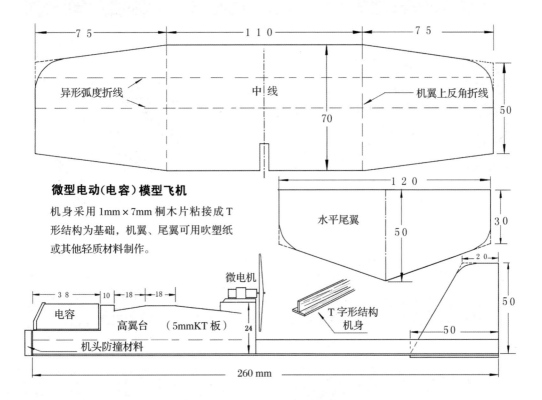

微型电动（电容）模型飞机

机身采用 1mm×7mm 桐木片粘接成 T 形结构为基础，机翼、尾翼可用吹塑纸或其他轻质材料制作。

有了以前的制作基础，制作这样一架轻质材料小模型飞机并不困难。但是由于使用了成品的电容电机动力组件，在拆下剥离电线套管时需要注意不能伤及漆包线，否则会影响整机的动力。

改进版的电容电动小模型飞机制作过程如下。

为了保护机头部分的电容组件，最好在机身前端粘一小块泡沫塑料，起到缓冲减振的作用。

以上制作完成后，要经过充电—开机—放电这一过程，检查整个电路是否能够有效工作、螺旋桨推力是否正常。

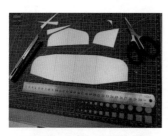

用吹塑纸按图剪下机翼、尾翼

利用桌边弯出翼型

上反角处剪出开口

上反角处剪出开口

用 2 毫米轻木裁出小三角

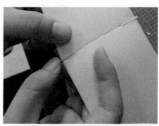

在开口处插入轻木三角，剪掉多余
部分后用胶带固定

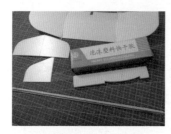

按照图纸制作 T 形机身

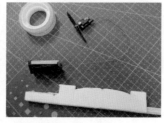

做好前机身准备装动力

将前机身及动力用胶带固定

粘好平尾和垂尾

粘接机翼

制作完成

自制电容电动小飞机的试飞与其他小飞机的试飞程序相同。

1. 首先检查小飞机的各个部分是否安装准确无误，是否粘接牢固（包括螺旋桨安装牢固）。

2. 检查重心位置是否正确：大约应在

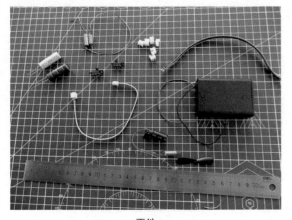

零件

机翼中线距前缘 40% 左右。

3. 手投试飞：按照常规布局模型飞机的调整方法，调整好小飞机的下滑角，应允许小飞机有转弯的状态。

4. 小动力试飞：我们需要观察小飞机在有动力的情况下的上升轨迹，具体方法前面已有介绍。要注意观察飞行姿态，为进一步调整试飞做好准备。

5. 大动力试飞：它的意义不必多说，

记得找一个合适的场地！这样的试飞一定要选择无风或微风的好天气进行，保护好自己的小飞机。

这架小飞机性能很好，调整好之后飞行可能会超过 6 ~ 8 层楼的高度。

如果你有兴趣，那么不妨购买微型电子元器件，自己焊接电路制作一个电动（电容）小飞机。

需要购买的材料包括：5 ~ 10 法拉的微型超级电容、614 型的微型空心杯电机、微型波段开关、充电对插接口、三节的充电盒（可自制）、5 号电池三节，以及两种颜色（以区分正负极）细导线各一段。螺旋桨可用成品，也可以自己模仿削制。

不过，这一制作过程还是有些难度的，需要大家了解一些简单的电工电路知识。希望大家继续努力，为今后较大的电动模型飞机制作和无线电遥控模型飞机的学习打好基础。

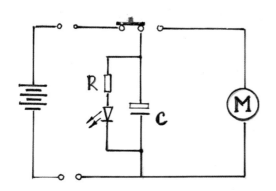
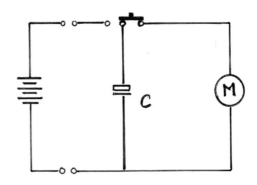

电动（电容）模型飞机驱动电路（可任选其一）

结束语

　　朋友们，在认真读完本书之后，你们对于航空的基础理论有了一定的了解。在精心地制作了本书中的小模型飞机并耐心地对它们进行调试之后，相信你们对自己的动手能力更加自信，对于亲手制作的小飞机能够飞出好成绩更有成就感。

　　理论联系实际是我们探索活动的特点。希望大家能够继续学习更多、更深入的航空知识，进一步掌握更多的制作加工方法，努力设计创造出更多的新型飞行器。

　　也许在不久的将来，我们国家的许多新型大飞机、巨型火箭、宇宙空间站的设计师和工程技术人员中就会有你们的身影。

　　希望寄托在你们身上！